Ⓢ新潮新書

佐々木健一
SASAKI Kenichi

「面白い」のつくりかた

JN148722

830

新潮社

「面白い」のつくりかた◆目次

第一章　そもそも「面白い」って何？　9
「面白い」とは〝差異〟と〝共感〟の両輪である／人の心を動かすのは〝差異〟である／人々の関心を呼ぶ＝差異を感じている／「後追い」では大ヒットは生めない／安易な〝共感〟ではなく深い〝共感〟を／衰退した「名画座」に人が集まる謎
［コラム1］　差異と共感の両輪が際立つドキュメンタリー　28
第二章　アイデアは思いつきの産物ではない　31
企画は〝組み合わせ〟で生まれる／アイデアとは既存の要素の新しい組み合わせである／「クリエイティブ」を支えるのは「記憶」である／余裕や遊びがクリエイティブを生む／社内会議で〝斬新なアイデア〟は生まれない／企画会議の常套句「なぜ、今か？」が愚問なワケ／〝今〟に向かって石を投げ込む／良いアイデアは「制約」と「必然性」から生まれる
［コラム2］　「ゾンビ」×「ワンカット」の組み合わせ『カメラを止めるな！』　54

第三章　学び（取材）からすべてが始まる　58
取材の基本「合わせ鏡の法則」とは？／問われているのは常に〝自分〟である／「取材＝話を聞く」ではない／できる仕事人に共通する「地味にスゴイ取材力」／「まずは人と会ってみる」が正解ではない／取材なくして物事の〝本質〟はつかめない／〝独学〟こそが成長を育む／根無し草の日々こそ、その後に活きる
［コラム3］学んでなければ分からないスピルバーグの〝継承〟　80
第四章　「演出」なくして「面白い」は生まれない　84
純然たる〝ありのまま〟を伝えることはできない／演出とは〝状況設定〟である／周到な準備で確率を高めるプロの「演出」／「密着すれば人間が描ける」は本当か？／〝前倒し〟が演出のカギを握る／「他者との関係性」は刻々と変化する
［コラム4］関係性の変化を描く傑作ドキュメンタリー『イカロス』　108

第五章　「分かりそうで、分からない」の強烈な吸引力　113
「分かりやすさ」は万能ではない／「分かりそうで、分からない」の威力／大相撲報道と『モナ・リザ』の共通点

第六章　「構成」で面白さは一変する　123
「ディレクター」とは「構成」する仕事である／「何をどういう順番で配置するか」が根幹／アナログ的手法「ペタペタ」の絶大な威力／「ペタペタ」でプレゼンも魅力的になる／事前に構成を練るのは〝悪〟なのか？／現実が台本通りになることはない／名作に共通する物語の基本構造「三幕構成」／「問題提起」の設定が最も重要／コンテンツの本質は「人間とは何か？」の探求

第七章　「クオリティー」は受け取る情報量で決まる　149
作品の「質」の高さは情報量が支えている／ボケ足映像を「美しい」と感じる

ワケ／なぜ、CGキャラに感情移入するのか／ノーナレが世界で評価される理由／作り手が勝手に情報を限定しない

第八章　現場力を最大限に発揮させる「マネジメント」 *166*

知られていない「ディレクター」と「プロデューサー」の違い／署名性がモチベーションを高める／人を動かすのはお金よりも面白さ／〝目利きパトロン〟の重要性／放任主義が生んだ〝世紀の技術革新〟／現場を前のめりにさせる「マネジメント」の妙

第九章　妄執こそがクリエイティブの源である *188*

アメリカのドラマがハイクオリティーな理由／作り手の権利が確立されることの意味／〝オワコン〟テレビは、なぜ終わらない？／〝負荷〟の少なさは強みである／〝検索社会〟で失うもの／〝偶然の出会い〟を演出するテレビ／作り手の

妄執が心に刺さる作品を生む
［コラム5］　コンテンツが歴史を変えた？　『チャック・ノリスVS．共産主義』　211
あとがき　216
参考文献　222

第一章　そもそも「面白い」って何？

「面白い」とは〝差異〟と〝共感〟の両輪である

テレビ番組制作を生業《なりわい》にしている私たちテレビマンは皆、

「あの番組は、面白かった〜!!」

と言ってもらいたいのです。

もっと、もっと、面白くしたい――。

そのために日々取材を重ね、知恵を絞り、様々な工夫を凝らしています。

しかし、テレビ業界に足を踏み入れて以来、私にはずっと引っかかっていたことがありました。それは、

「そもそも〝面白い〟って何？」

という素朴な疑問です。考えてみれば、「面白い」という言葉は実に曖昧です。

例えば、同業者から番組の感想を求められ、なんと言うべきか、答えに困ってしまうような場面でも、

「……ああ、面白かったですよ」

と言えば、まず問題ありません。恐る恐る感想を求めてきた相手も、その一言を聞けば大概、安堵の表情を浮かべます。打ち合わせや会議でも皆、口々に、

「面白い番組にしましょう！」

「う〜ん、もっと面白くならないかなぁ……」

などと発言したりしています。

でも、〝面白い〟って一体、何なのでしょうか。

具体的に、あるいは体系的に語られることはほとんどありません。誰もが日々口にしている言葉なのに、私の周りにはそれについて教えてくれる先輩もいなければ、こんな根本的な問いを話題にする仕事仲間もいませんでした。話に出したところで、

「そりゃ、やっぱり面白いって人それぞれだよね〜」

という、分かりきった結論を言われるのがオチです。

しかし、世の中には確かに（個人の好みなど主観的な見方によるとはいえ）、「面白い

もの」と「面白くないもの」が歴として存在します。その違いは何なのでしょうか。

私は、「面白い」を求めて遮二無二走り続ける同業者を横目に、「曖昧模糊とした〝面白い〟を、ただ闇雲に追い求めるのはいかがなものか」などと次第に感じるようになっていきました。

そして、様々な番組制作の経験を積みながら、「面白いとは何か？」という問題について考えを巡らせ、ある一つの結論を導き出しました。それは、次のような一文にまとめられます。

「面白いとは、〝差異〟と〝共感〟の両輪である」

〝共感〟という言葉は、ピンと来るでしょう。最近は巷でもよく「共感が大事」などと盛んに喧伝されています。

では、〝差異〟とは何でしょうか。国語辞書に載る意味としては「違い」ですが、私の場合はもう少し広い意味（概念）として使っています。

人の心を動かすのは〝差異〟である

「最近、面白かったことは？」

と問われたら、何を思い浮かべるでしょうか。

すぐに思いつく人もいれば、しばらく考え込んで、

「……う〜ん、面白いことなんて何もない」

と答える人もいるかもしれません。では、

「最近、腹が立ったことは？」

これなら一つや二つ、思い当たるのではないでしょうか。「面白い」というと語弊があるかもしれませんが、どんな人でも日常生活をおくる中で、何らかの感情を動かされる瞬間があるはずです。

では、〝喜怒哀楽〟といった感情が表れるのは、どんな時でしょうか。例えば、こんな時だったりしませんか？

喜：「勝てないと思っていたのに、まさか勝っちゃった！」

怒：「信じていたのに、だまされた！」

哀：「相思相愛だと思っていたのに、浮気された！」

楽：「いやいや参加した飲み会なのに偶然、気が合う人と出会えた！」

湧き上がった感情は様々でも、そこにはある共通点が存在します。それは、

「（想像・予想していたのは）○○なのに、（それとは違って）××だった！」という状態。つまり、「驚き」や「ギャップ」、「意外性」、「落差」といった〝差異〟（違い）が存在するのです。

試しに、過去に自分が激しく心を動かされた出来事を思い出してみてください。それまでの日常や平穏、常識といった普段の安定した状態に比べて、何らかの差異がある出来事や事柄に遭遇した時に心が揺さぶられたり、強く興味を惹かれたり、深く考えさせられたりしたはずです。

例えば、恋人に裏切られて大きな怒りや哀しみを感じるのも、「裏切られるとは思っていない状態」から「突然の浮気発覚」という差異が生じることで大きく心が揺さぶられるからだと思います。逆に、なんとなく破局を予感していたら、失望はしてもそこまで激しいショックは受けないでしょう。

人の心が動く瞬間には、こうした〝差異〟という要素が深く関わっているのです。

人々の関心を呼ぶ＝差異を感じている

二〇一五年のラグビーW杯で日本代表が優勝候補の南アフリカ代表に勝利して、〝世

紀の番狂わせ〟と世界中に衝撃を与えたスポーツ史に残る事件。それはまさに、

「ラグビー弱小国の日本が、強豪・南アフリカに勝てるわけがない」

という前提に対して、劇的勝利というギャップ（差異）がもたらしたものでした。

あの試合を私は、深夜の生放送で見ていました。最後、日本代表が引き分けを狙わず勝ちにこだわり、見事トライをあげたシーンでは思わず落涙してしまいました。「善戦はしても勝てるわけがない」と思い込んでいたので、想定外の結果（差異）に激しく心が揺さぶられたのです。

ところが、翌朝、テレビをつけた私は、数時間前の歓喜から一転、とてもがっかりしたことをよく覚えています。日曜の朝は各局でニュースやワイドショーが放送されますが、どの番組でも〝世紀の番狂わせ〟の扱いがあまりに小さかったのです。

その理由は、ラグビー日本代表がW杯で南アフリカ代表に勝ったという驚き（差異）を当初、日本のマスメディアはさほど感じていなかったからでしょう。あの勝利は、あくまで日本では注目度の低い「ラグビーW杯初戦の一勝」という扱いに過ぎませんでした。

しかし、程なくして海外での反響が聞こえてきて、どれだけ凄いことかという差異を

日本のマスメディアも感じるようになります。そして、それまでラグビーW杯への関心が低かった日本国内でも連日、ラグビー日本代表の話題で持ち切りとなりました。多くの国民がラグビーに対して、

「ルールも分からないし、代表選手のこともよく知らない」

と食わず嫌いをしていたのが、劇的勝利のニュースをきっかけに選手の個性やチームの戦略などについて、

「知れば知るほど奥が深い」

と、差異を感じるように変化していったのです。

「無知」という状態は無関心や凝り固まった偏見などと結びつきやすい要素ですが、何かをきっかけに「知らなかったことを初めて知る」という差異を得ると、たちまち「面白い」「もっとよく知りたい」というポジティブな感情に変化することがあります。こうした「知らない」状態が「知る／分かる」に変わるというのは、典型的な差異の例です。

人々の関心を呼ぶ事柄には、ほぼ全てに何らかの差異の要素が含まれていると言っても過言ではありません。逆に言えば、同じ事柄でもその情報を受け取る人が差異を感じ

られなければ、なかなか「面白い」とは思われにくいということです。

「後追い」では大ヒットは生めない

「面白いとは何か?」について差異(違い)という要素を挙げて説明してきましたが、もう一つ重要なポイントは、

「差異というのは〝相対的なもの〟である」

という点です。

例えば、サッカー日本代表で言えば、一九九七年の〝ジョホールバルの歓喜〟でW杯初出場を果たした時は、日本中で喜びが爆発しました。

しかし、今では六大会連続でW杯出場を果たしているため、差異を感じるとすれば、日本代表がW杯出場を逃した時の方がはるかに大きいでしょう。日本中がショックを受け、悲嘆に暮れると思います。

このように、差異というのは、その情報を受け取る人々の感覚や時代などの状況によって変化する相対的なものなのです。

とすると、人の心を動かすコンテンツや製品を生み出すには、

「いかに差異を設定するか」

がカギになります。

一つの例を挙げて説明しましょう。スティーブ・ジョブズが率いる米国・アップル社が初代ｉＰｏｄを世に送り出した時、この製品は世界で最初に発売された携帯型デジタル音楽プレーヤーではありませんでした。遅れて市場に登場した後発機に過ぎなかったそうです。さらに、機能面でもライバル製品より明らかに劣っていたのです。

しかし、他社製品に比べて、ｉＰｏｄには明らかに差異（違い）のある要素が二つありました。それは、シンプルさとデザイン性です。他の製品は複雑なボタンを配していて、ごてごてしたものばかりでした。ユーザーの心を動かし、大ヒットしたのは、他の製品と違う洗練されたｉＰｏｄの方でした。

つまり、「作り手がいかに差異を設定するか」によって、人の心を動かせるか、「面白い」と思ってもらえるかどうかが変わってくるのです。

そう捉えると、ビジネスにおけるマーケティングに対する考え方も変わります。世の中で流行っているものを〝後追い〟したところで、そこには大きな差異はありません。そこそこのヒットしか見込めないことは明らかなのです。

こうした考え方は、テレビ番組にも当てはまります。ニュース、情報バラエティ、ドキュメンタリー、ドラマなどジャンルを問わず、大きな反響を呼び、評判となる番組には必ず何らかの差異の要素が組み込まれています。

一方、〝定番〟や〝ベタ〟といわれる番組は驚きや意外性といった差異が少なく、期待通りに進行するものですが、視聴者にとっては刺激が少ないため、長い目で見ると次第に飽きられていく傾向があります。

作り手が能動的に差異を設定することは、番組の演出や構成に関わる重要な要素です。例えば、ドキュメンタリー番組である人物を取り上げる際にも、私は必ずその人物が持つ隠れた差異（意外性）に注目するようにしています。取材を通してそれを見出し、巧みに提示することで、「この人にはこんな一面もあったのか！」と、差異によって視聴者の心を揺さぶり、その上でその人物に共感をおぼえてもらえるように構成するのです。

ここでもう一つの重要な要素として〝共感〟が登場しましたが、最初から共感に訴えるよりも、まずは差異を伴って心を動かし、視聴者のモノの見方を広げた上で共感へと導くプロセスが重要だと考えています。というのも、誰にとっても心地よい共感だけでは不十分だと感じているからです。

安易な〝共感〟ではなく深い〝共感〟を

その人はマイクを握るなり、開口一番、こう言いました。

「私は〝共感〟というのは、相当怪しいものだと思っています」

そう発言したのは、話題のドキュメンタリー『ヤクザと憲法』『人生フルーツ』『さよならテレビ』といった作品のプロデューサーとして知られる、東海テレビの阿武野勝彦さんです。

阿武野さんらが手がける東海テレビのドキュメンタリーは今、テレビ業界の内外で大きな注目を集めています。毎年、番組コンクールで受賞するのはもちろん、番組を再編集して劇場公開も行い、単館上映で記録的な観客動員を達成するなど異例のヒットも飛ばしています。地方局が制作するドキュメンタリーが一つのブランドとして確立し、これほど注目を集めている例は極めて珍しいでしょう。

先ほどの発言は、二〇一七年二月に開催された番組制作者フォーラム（主催：放送文化基金）でのものでした。それまで会場では、ある番組を見た後に観客のテレビ制作者から、「すごく共感できました」といった、ごくありふれた当たり障りのない感想が述べられていました。そうした空気が、阿武野さんのひと言で一変したのです。

会場でその様子を見ていた私は、その二年前に阿武野さんと初めて出会った時のことを思い出していました。お互い番組制作者フォーラムのゲストとして呼ばれ、打ち上げの席で様々な話題について語り合い、私は日頃から抱いていた違和感を思い切って阿武野さんに吐露したのです。

「よく言われる〝共感〟って、どうも引っかかるんですよね……」

すると案の定、阿武野さんもそう感じていた一人でした。

共感は昨今、コンテンツを語る際に必ずと言ってよいほど耳にするキーワードです。「共感消費」「共感こそが人の心を動かす！」などと謳うものをよく見かけます。しかし、そうした見方に反して、私は共感に一種の危うさを感じていました。

共感とは、具体的に言えば、

「その気持ち、私もよく分かる」

という、自分の考えや境遇、感覚が他者と一致するときに抱く一体感や安心感のこと。自分と相手との間に共通点を見出し、共鳴する。だから、とても心地よいものでもあります。別な言い方をすれば、共感とは、「〝元々の自分〟を前提とし、相手の中に〝自分の一部〟を見出すこと」とも言えるでしょう。私は、まさにその点に危うさを感じていたのです。なぜなら、共感する当人には、特に変化が起きていないからです。共感に従って自分の考えや境遇、感覚と同じものだけを追い求めれば、その人の考えは徐々に凝り固まり、先鋭化していきます。共感には、「物事が自分の思っていた通り（期待通り／予想通り）だった時に抱く感覚」という側面もあるのです。

こうした共感を狙うことで、手っ取り早く一定の支持を得ることは可能でしょう。実際、そうした作品やビジネスがあるのも事実です。また、まったく共感されない作品にも問題があると思います。しかし、人々が本当に「面白い」と感じる作品は、安易な共感を狙って作られたものなのでしょうか。

当然のことながら、世の中は想像をはるかに超えて複雑で豊かです。自分の感覚とかけ離れた人物や文化、価値観、常識などが無数に存在しています。共感を頼りに突き進むと、望み通りのモノや人と出会い、溜飲を下げることはできますが、自分を取り巻く世界は広がっていきません。冒頭で、

「面白いとは、〝差異〟と〝共感〟の両輪である」

と述べましたが、私はあらゆるコンテンツを語る上で、この相反する概念がどちらか一方だけでなく、共存することでより深い共感が得られると捉えています。

そもそも、私たち人間の営みそのものが、差異と共感の両輪の上に成り立っています。人は差異という刺激を受け、自分に変化を加えながら成長し、価値観や世界観を広げてより多くのものに共感できるようになっていくのです。

多くの人の心を揺さぶる作品も、何らかの差異によって視聴者に新たな気づきを与え、モノの見方を広げ、それまで異質と捉えていたものを許容し、より深い共感へと導くプロセスを辿るものではないでしょうか。

衰退した「名画座」に人が集まる謎

「一体、この賑わいは何だ⁉」

とある日、小さな名画座を訪れた私は、予想外の光景に出くわし面食らいました。目当ての作品は、『シング・ストリート　未来へのうた』。二〇一六年に公開されたアイルランド映画です。作品の舞台は一九八五年のアイルランドの首都ダブリン。冴えない男子高校生が一目惚れした女の子を振り向かせるためバンドを組み、八〇年代洋楽ヒットの影響を受けながら成長する甘酸っぱい青春物語です。映画ファンの間で評判となった作品で、公開から日が経っていましたが、東京・飯田橋の名画座「ギンレイホール」で再上映していることを知り、訪れたのです。

そもそも名画座へ行くのは、約二〇年ぶりのこと。主に旧作映画を上映する名画座は、レンタルビデオやDVD、シネコンなどの普及で九〇年代頃から軒並み閉館に追い込まれていきました。その数少ない生き残りであるギンレイホールを訪れたのは、その日が初めてです。

「最初の上映回だし、客席はガラガラだろうな」

ところが、映画館の前にはすでに数人の行列が……。それだけでなく、ロビーもお客さんでごった返しています。

「なんで、渋い洋画の上映に、こんなにお客さんが来ているんだ？」

困惑しながら列に並び、ようやく劇場に入ると約二〇〇席がほぼ満席状態。さらに、前後左右の席をシニア世代に囲まれ、戸惑いました。

「八〇年代の洋楽が流れる青春映画だよなぁ。若干、客層が違うような……」

熱気溢れる劇場を埋める大半は高齢者で、主婦層の姿もちらほら。『シング・ストリート』は、彼らが積極的に選ぶような作品とは思えません。一体、何が彼らをこの劇場へ向かわせたのでしょうか。

実はギンレイホールには、ここで上映される映画を一年間、何度でも見られる会員制度「ギンレイ・シネマクラブ」があります。客席を埋めていたのは、主にその会員である常連客だったのです。

二週間ごとに二作品ずつが上映される仕組み。過去のラインナップを見ると、過激な描写や下ネタもある『キングスマン』や轟音・爆音の『マッドマックス 怒りのデス・ロード』、斬新な手法でユダヤ人大量虐殺を描いた『サウルの息子』など、硬軟織り交ぜた通を唸らせる作品群が並んでいました。名画座と言っても、いかにも高齢者が好みそうな往年の名作はほとんどありません。

これらの上映作品を選んでいるのは、ギンレイホールの支配人です。客席を埋める常連客（会員）は、自分で選んだ作品を見に来ていたわけではありません。支配人が薦める作品を信頼してここを訪れていたのです。

上映終了後、常連客の皆さんはロビーで実に満足そうな表情を浮かべていました。

「あの劇場に行けば、予想もしない意外な作品に出会える」

そうした期待感と信頼感が劇場に溢れていました。

ギンレイ・シネマクラブ会員の主な年齢層は、テレビ業界で今、視聴率を握っていると言われる層と重なります。手っ取り早く視聴率を取ろうと思えば、

「高齢者や主婦層が好きそうな番組を作れ」

という話になりがちなのです。若者や働き盛り世代は家でゆっくりテレビを見る暇もなく、番組を見る場合も録画視聴が一般的です。視聴率という集計システム上で数字を稼ぎたいなら、高齢者や主婦層が好みそうな（と制作者が勝手に想定した）番組が作られることになります。ですから、もしテレビ業界の人間がギンレイホールの上映ラインナップを見たら、こんなことを言うかもしれません。

「あの層には、こんなマニアックな外国映画はウケないし、響かない」

確かに視聴率という観点でいえば、惨敗に終わる公算が高いでしょう。

しかし、「会員制」という仕組みに注目した場合、その見立ては必ずしも正しいとは言えません。なぜなら、自分の趣味の範囲内のものだけを見たいなら、会員になるメリットはあまりないわけですから。自分が見たい作品を映画館やＤＶＤで自ら選んで見れ

ばいい。その方が安上がりで、期待外れに終わることも少ない。

でも、彼らが会員になって足繁く劇場に通う理由には〝偶然の出会い〟を期待している面があると思います。自分の予想や期待を裏切られる刺激や変化、すなわち〝差異〟を求めて、劇場に作品選びを委ねているのです。

一方、上映ラインナップを決める劇場側も、

「お客様のお望み通りの作品をご用意いたします」

というだけでは、会員たちの真の欲望を満たすことはできません。

攻めたラインナップは、

「だまされたと思って見てください。『こんな世界もあるのか！』と思うはずですから」

という劇場からの提案で、会員はそれに応え、時には趣味に合わないことがあるかもしれませんが、自分が知らなかった新たな作品と出会い、世界の見方が変わり〝共感〟をおぼえ、人生がより豊かになるのです。

飯田橋ギンレイホールは、常連客との信頼の上に成り立つ「会員制」によって、良い意味で彼らの予想を裏切り、劇場に足を運んでもらう価値を提供し、名画座として生き残っていました。

思えば、こうした会員制や定額制で顧客を囲い込むビジネスモデル（＝サブスクリプション方式）は現在、至るところに見られます。ＮｅｔｆｌｉｘやＡｍａｚｏｎプライム・ビデオなどの動画配信サービスも然り。契約している顧客（視聴者）との信頼関係の上に成り立っています。そう考えると、

「視聴者のお望み通りの番組をご提供します」

というだけでは、決して真の顧客満足度は得られないだろうと思います。それだけでは本当の意味で「面白い」とは思ってもらえないのです。

こうした話は、決して映像業界に限った話ではないと思います。

「顧客ニーズに応える」

「マーケティングに則ったサービスを提供する」

という、誰もが想像する分かりきったことを実践するだけでは、真の企業価値やブランド力は構築されません。顧客との深い信頼関係を築く場合、それだけでは不十分なのです。

人の心を動かし、「面白い」と感じさせる二つの要素〝差異〟と〝共感〟は、どちらか一つではなく、〝両輪〟として機能することが重要です。

これは、コンテンツ業界に限らず、あらゆるジャンルのビジネスにも通じる概念ではないでしょうか。いかに相手を楽しませるか、そして、自分の人生をより豊かにできるか、ということにも関係しているのです。

［コラム1］　差異と共感の両輪が際立つドキュメンタリー

阿武野勝彦さんら東海テレビが手がけるドキュメンタリーには、戸塚ヨットスクールの現在を描いた『平成ジレンマ～戸塚ヨットスクールの30年　そして、現在～』や『光と影～光市母子殺害事件　弁護団の300日～』（いずれも齊藤潤一ディレクター作）など、世間から猛烈なバッシングを受けた当事者を取材した作品があります。分かりやすい共感に訴える作品とは一線を画しているのです。

『光と影』では、被告を弁護する弁護士たちの苦悩や葛藤を描いていますが、「とても共感などできない」と拒否反応を示す人もいるでしょう。むしろ、反感や怒りを覚える人もいると思います。

しかし、実際にその番組を見て私の心に浮かんできたのは、

「なぜ、被告はこれほど凄惨な事件を起こすに至ったのか？」

という問いでした。そもそも、こうした事件を取り上げる際の問題提起は、

「なぜ、こんな酷い事件が起きたのか。どうしたら、こんな悲劇を二度と繰り返さずに済むのか？」

であるはずです。そう考えれば、加害者側から事件を見つめ直す番組『光と影』のアプローチは、決して突飛なものではありません。他のメディアが一切、こうした方向から取材を行ってこなかったため、結果的にこの番組が異彩を放ったのです。

皆が見ているのと同じ方向から眺めているだけでは、モノの見方は広がりません。ひいては、物事の本質をつかむこともできないのです。

東海テレビのドキュメンタリーには、こうした世間の常識や先入観とのズレ（差異）に根差して作られているものが多くあります。それらは、初めから視聴者の共感を集めようと作られたものではなく、ましてや単なる話題性だけを狙った企画でもありません。むしろ純粋な〝問い〟（問題提起）から生まれた作品なのです。実際、阿武野さんも、

「決して自分たちは特別なことをしている感覚はない」

と語っていました。

日々、大量に作られ、消費されていくテレビ番組の中で、東海テレビのドキュメンタリーが話題を呼び、大きな価値を帯びている理由は、その作品群がまさに〝差異〟と〝共感〟という概念を内包しているからだと思います。

第二章　アイデアは思いつきの産物ではない

企画は〝組み合わせ〟で生まれる

「どうしたら新しい企画やアイデアが思いつくんですか？」

と聞かれることがあります。思わず、

「それが分かれば誰も困らないですよ……」

と言いたくなりますが、こうした質問をされる背景には、ある先入観があるように思います。それは、「企画やアイデアは〝思いつくもの〟である」という思い込み。ある日突然、何かが天から降ってくるようにアイデアがひらめく。なんとなく、そんなイメージを抱いている人が多いように感じます。

しかし、私はそのようには捉えていません。私は明確に、

「企画やアイデアは〝組み合わせ〟から生まれる」

と捉えています。否、企画やアイデアに限らず、

「世の中の新しいものは全て〝組み合わせ〟から生まれる」

と言っても過言ではないと思うのです。

例えば、気体の「水素」と「酸素」が結合すると、液体の「水」という全く別の性質のものに変化する。「オス」と「メス」が交わることで、それぞれのDNAを合わせ持つ「新たな個体」が誕生する。あるいは、木や土といった「材料」と「職人の技」が合わさって、見事な「工芸品」や「建築物」が作られる。このように、そもそも私たちが暮らす世界は、無数の組み合わせによって成り立っているのです。

「何かと何かを組み合わせると、新しい別なものが生まれる」というのは、ヒット商品にも当てはまります。

『ポケモンGO』は、スマホ向け位置情報ゲームアプリ『Ingress』とお馴染みの『ポケットモンスター』の世界観を組み合わせたものです。元々、Ingressは拡張現実（AR）を生かした知る人ぞ知るマニアックなゲームでしたが、ポケモンと組み合わせたことで世界的な大ヒットとなりました。また、そもそもIngress自体も、「Googleマップの位置情報サービス」と「陣取り合戦」を掛け合わせたアプ

りです。

組み合わせというのは、必ずしも足し算や掛け算ばかりではありません。何かを制限したり、省いたりする〝引き算〟の組み合わせもあります。

「Ｔｗｉｔｔｅｒ」は、「従来のブログ機能」にあえて「文字数を一回の投稿につき一四〇字に制限する」という引き算を組み合わせた結果、膨大な登録者数と投稿数に拡大したサービスです。「コンタクトレンズ」は、「メガネ」という製品から「フレームを取り除いたもの」と捉えることができるでしょう。

アイデアとは既存の要素の新しい組み合わせである

企画やアイデアについて考える上で、私が参考にした本があります。広告業界などで長年〝バイブル〟とされてきた『アイデアのつくり方』（阪急コミュニケーションズ）という本です。わずか六〇分ほどで読むことができる薄い本に、企画や発想のヒントとなる考え方や方法論が分かりやすくまとめられています。

この中で著者のジェームス・Ｗ・ヤング（米最大広告代理店・最高顧問）は、こう明言しています。

「アイデアとは既存の要素の新しい組み合わせ以外の何ものでもない」

つまり、アイデアの元となる素材はすでに世の中に存在していて、重要なことは、それらの新たな組み合わせを見出すことにあるというのです。

ならば、どうしたら新しいアイデア（組み合わせ）を見出せるのでしょうか。

ヤングは具体的に、アイデアを生むための手順を五段階に分けて示しています。

①資料集め→②情報の咀嚼→③組み合わせ→④アイデアの発見→⑤アイデアの検証

私はこのヤングが提唱する方法論を知り、まさに目から鱗が落ちる思いをしました。ただ闇雲に面白い企画やアイデアになりそうなものを追うのではなく、「宝は、自分のすぐ足元に埋まっている」と言われたような気がしたのです。実際に、この方法論を実践して、私が企画・制作した番組で驚くべき〝発見〟をしたことがあります。
二〇一三年にNHK—BSプレミアムで放送された『ケンボー先生と山田先生～辞書に人生を捧げた二人の男～』は、『三省堂国語辞典』の生みの親・見坊豪紀《けんぼうひでとし》と『新明解国語辞典』の生みの親・山田忠雄という二人の偉大な編纂者の知られざる関係に迫ったドキュメンタリー番組です。
元々は一冊の辞書を協力して編んだ二人が、あるきっかけから決別し、現在は三省堂から二つの異なる国語辞書が刊行されています。二人の没後も、決別の真相は闇に包まれていました。
しかし、晩年にそれぞれが編んだ辞書の「用例」に、決別の発端となった日付やその後の二人の心情が密かに綴られていたのです。例えば、以下の用例です。

【時点】「一月九日の時点では、その事実は判明していなかった」

（『新明解国語辞典』四版）

【ば】「山田といえば、このごろあわないな」

（『三省堂国語辞典』二版）

そもそも、この【時点】の用例のユニークさに初めて気がついたのは私ではありません。過去に『新明解国語辞典』の独特な語釈を取り上げ、ベストセラーとなった本の中で、こうツッコまれていたのです。

「一月十日にはわかったのか。辞典なのに新聞みたいだ」

（『新解さんの謎』赤瀬川原平著／文藝春秋）

でも、誰もその用例の真の意味には気づいていませんでした。

私は、番組を制作するにあたり、二人の編纂者に関するありとあらゆる資料を集め、濫読しました（①資料集め→②情報の咀嚼）。

そんな中、ある日、ふと当時の関係者の証言記録の中に、

「一月九日かなんかだった。打ち上げがあったんですよ」

（『明解物語』武藤康史編／三省堂）

という文言を見つけ、思わず目を疑いました。その時、初めて辞書の用例と関係者の証言に登場する「一月九日」という日付が、同じ日を指していることに気づき、関連性を見出したのです。結びつくはずがないと思い込んでいた「辞書の記述」と「編纂者の

秘められた心情」が組み合わさった瞬間でした（③組み合わせ→④アイデアの発見）。

その後、二人の関係をにおわせる辞書の記述が次々と見つかり、二人の編纂者が内に秘めていた互いへの心情を推し量ることができました（⑤アイデアの検証）。

詳細は、拙著『辞書になった男　ケンボー先生と山田先生』（文藝春秋）を参照いただければと思います。

これは、まさしくヤングの方法論にある通り、まずは資料を集め、それらの情報を咀嚼し、組み合わせる中で思いもよらない発見に至った結果でした。

ヤングの方法論を実践し、その効果を実感すると、「新しいアイデアを生む＝組み合わせを見出す」ためには、まずは多くの情報や材料が必要だということにも気づかされます。手持ちの材料が少なければ、組み合わせのパターンも限られてしまうのです。まずは手間を惜しまず、多くの情報を集めた方が新たな企画やアイデアを生む可能性も高くなる。実は、ヤングが語る方法論は、

「地道に調べ、よく学ぶという正攻法しか、いいアイデアを生む道はない」

という示唆でもあるのです。

「クリエイティブ」を支えるのは「記憶」である

ＩＴ技術の進歩に伴い、あらゆる分野で機械化や自動化が進み、エンターテインメント業界に限らず、様々なビジネスにおいてもクリエイティブな発想や仕事が求められる時代になりました。

しかし、この「クリエイティブ」という言葉、あちこちで耳にするものの、いまいちピンと来ない人も多いのではないでしょうか。直訳すれば、「創造的な」「独創的な」という意味ですが、クリエイティブな仕事とはどういうものなのでしょうか。なんとなく横文字で表記されると、「常人にはできない仕事＝クリエイティブ（創造的）なもの」のようにも思えますが、かつて映画監督・黒澤明は「創造とは何か？」についてこう明言していました。

「創造とは〝記憶〟である」

この言葉について、映画監督・大島渚と対談した貴重な映像の中で、黒澤監督は以下のように語っています。

「今の人たち（筆者注：若い映画監督ら）は基本的に本を読んでない。純文学なんかをちゃんと読んでる人はいないんじゃないですか。それはやっぱり、ある程度は読んでおかないとね。何もないところから出てこないよ。だから僕はよく『創造というのは、記憶である』というふうに言うんだけど、本当にそう思いますよ。その中から出てくるんで、何もないところに何かが生まれて来やしないって。実生活の中でも、何かいろんな経験があるわけよね。その何かがなきゃ創造は出来ないでしょう」

（記録映像『わが映画人生　黒澤明監督』／日本映画監督協会）

クリエイティブなことは、なんとなく「新しいもの」というイメージがありますが、〝世界のクロサワ〟はむしろ「過去のもの」（経験や学びという蓄積）から生まれてくると断言しています。決して「無から有」が生まれるわけではなく、「有から有」しか生まれないのだと喝破していたのです。

前述の通り、「アイデアとは既存の要素の新しい組み合わせ以外の何ものでもない」と捉えると、アイデアの元となる材料は、すでに世の中に存在しているのです。ですから、様々な経験を積み、先人の仕事を知り、学ぶという蓄積がなければ、クリエイティブな仕事も始まらないのです。

よく耳にする「若い感性で斬新な発想を」といった定番の物言いも、その若者に十分な蓄積がなければ無謀な取り組みになりかねません。もちろん若い感性は大切ですが、実際には古いものも知らなければ、そう簡単に斬新なものも生まれません。型破りは、まずは型を知らなければできないものなのです。

余裕や遊びがクリエイティブを生む

大島渚監督も、とある雑誌のインタビューで「映画作りに大切なことは何か?」と問われて、こう答えています。

「昔よき時代に、監督はよく助監督を連れて、おいしいものを食べに行ったり、ものを見に行ったりしていました。別の言葉で言えば、〝贅沢さ〟ということでしょうか。ていねいな仕事を知り、よきものを知らなきゃ、映画は作れないんです」

(『別冊　暮しの設計』一九八五年三月一日号)

一見すると、目の前の仕事とは関係なさそうな経験や学びが、良い作品を生む糧となる。大島渚監督の言う「贅沢さ」は、「余裕」や「遊び」とも言い換えられるでしょう。本を読んだり、映画や演劇、絵画、音楽などを鑑賞したりすることは通常、「趣味」とされるもので「仕事」とは思われません。しかし、そうした中での経験や学びこそがクリエイティブな仕事につながるのです。

翻って、テレビ業界でも「なかなか企画書が書けない。ありきたりな番組しか作れない」と嘆く人を見かけます。そうした人に限って、生真面目に目の前の仕事のことしか見ていない場合が多いのです。折角、映像業界に就職したのに、「映画は全然見に行かない。テレビ番組も忙しくてほとんど見ていない。本も読まない。音楽もあまり聴かない」と無い無い尽くしの仕事人間だったりします。余裕や遊びとはかけ離れた日常をおくっているのです。

他のビジネスにおいても、専門的な狭い領域の知識や技術にしか目が向いていない人は、なかなかクリエイティブな仕事とは縁遠いでしょう。引き出し（材料）が少なければ、思いもよらない新たな組み合わせを見出すことは難しいのです。

二人の巨匠の言葉に耳を傾ければ、

「どうしたら、クリエイティブな仕事ができるか？」

という問いの答えも自ずと浮かんできます。新しいものを生むためには、まずは過去を知らなければならない。独創性豊かなものも、ある日突然、生み出されるわけではなく、連綿と続く偉大な先人たちの仕事（＝過去）の蓄積の上に成り立つものなのです。

社内会議で〝斬新なアイデア〟は生まれない

新しい企画やアイデアを考える際によく行われるのが「会議」です。「三人寄れば文殊の知恵」のことわざの通り、一人で悶々と考えるよりも何人かで集まった方が良いアイデアが生まれる。多くの人は、そう信じて疑わないでしょう。

前述の通り、アイデアを含む世の中の新しいものは基本的に「組み合わせ」によって生まれる。そう捉えれば、「複数の人が様々な知恵を出し合い、それらが組み合わさってより良いアイデアへと昇華する」という企画会議は、まさにこの「組み合わせ理論」とも合致します。

ところが、社内での企画会議を振り返ってみると、この理論がどうも当てはまらないのです。会議によってそれまで誰も思いつかなかった斬新なアイデアが生まれた、という例はほとんど記憶にありません。

元のアイデアがブラッシュアップされ、皆が納得する結論に至ることはまあありますが、会議という場で度肝を抜くほどの突き抜けた案が導き出されることはほとんどない。それは一体、なぜなのか、不思議に感じていました。

その疑問を解くヒントが、最近、組織論や経営に関するビジネス書でベストセラーを連発しているコンサルタントの山口周氏の書籍に書かれていました。

「集団における問題解決の能力は、同質性とトレードオフの関係にあります。（中略）『似たような意見や志向』を持った人たちが集まると知的生産のクオリティは低下してしまうということです」

（『武器になる哲学　人生を生き抜くための哲学・思想のキーコンセプト50』山口周著／KADOKAWA）

数多くの事例をもとにした心理学者の研究などによって、同質性の高い人が集まると意思決定の質が著しく低下することが明らかになっているそうです。つまり、同じ業界の同じ会社で働く者同士が集まるような会議では、良いアイデアはなかなか生まれにくいのです。

これならば、「組み合わせ理論」とも矛盾しません。同じ会社で似たような仕事をしている者の考えを組み合わせても、そこから生まれるパターンは限られています。せいぜい、すでに世の中に存在しているものの模倣や改変が関の山でしょう。社内で行われる企画会議で画期的なアイデアが生まれないのは、おそらくこのような理由からだと思います。

しかも、社内の企画会議はアイデアを練ることだけでなく、皆で顔をつき合わせて相談することで「情報共有」と「合意形成」を得ることが主な目的である場合が少なくありません。そうなると、ますます突拍子もない考えや空気を読まない発言を控えるムードになってしまいます。

では逆に、斬新なアイデアが生まれる企画会議とは、どんなものでしょうか？

それは、まさしくこれまで述べたことと反対の状況設定をすることがヒントになると思います。

業界や職種の異なる人間が参加し、立場を越えて自由に意見を述べる。そうした組み合わせの中から革新的なアイデアが生まれるのかもしれません。

実際、私自身の経験でも、社内での企画会議より異業種や全く畑違いの専門家と会い、ある問題や課題について意見交換した時の方がはるかに面白いアイデアへ結びつくことがよくあります。それまで思いもよらなかった組み合わせが得られたのです。

もう一つのポイントは、少数派の意見や異論など、出席者の〝違和感〟を大切にすること。その場ではまだうまく言語化できず、直感に近いような意見ほど、会議という場では発言するのをためらってしまうものです。しかし、実はそれこそがアイデアを生む種になります。

会議の参加者の多くがすぐに賛成・納得するようなアイデアは、世間の大半の人もイメージを共有でき、〝共感〟してもらえるものです。ただその反面、そうしたアイデアはさほど独創的ではなく、違和感や驚きといった〝差異〟はありません。

画期的な面白いアイデアを考える上では、必ずしも会議での多数派（大衆的）意見が正しいとは言い切れません。「皆で集まり、相談して決める」という民主的な思考プロセスは、実は凡庸なアイデアを導き出す可能性も大いに秘めているのです。

もし、社内の企画会議という場で、本当に斬新なアイデアが生まれることを期待するのなら、議論をまぜっ返すような厄介な意見にこそ耳を傾けるべきなのかもしれません。

企画会議の常套句「なぜ、今か?」が愚問なワケ

企画会議で必ず聞かれることといえば、間違いなくこの言葉でしょう。

「なぜ、今か?」

マスコミ業界にいる人間なら誰もがピンと来る、まさに耳にタコができるほど聞かされてきた言葉。この、「なぜ、今、この企画をやる必然があるのか?」という問いは、企画を審議する際の決まり文句です。この問いに対し、企画者は、

「今、○○がブームで……」

「××業界が活況でして……」

などと、差し当たって根拠となりそうな事例やデータを挙げつつ切り返す。マスコミに限らず、こんなやり取りが日本全国の企画会議で展開されていることでしょう。

しかし、私はこの「なぜ、今か?」という伝統的なツッコミに対して、ずっと違和感をおぼえていました。この問いはオジサンたちが好むフレーズの一つで、曰く、

「テレビは即時性・同時代性のメディアなんだから、『なぜ、今、取り上げる価値があるのか?』が問われるべきだ」

と、一見するとごもっともな意見を述べるわけです。その言葉には確かに説得力があり、企画をプレゼンする側は思わず沈黙してしまいます。

ただ、企画書を見た上司が「なぜ、今か?」という常套句を発する時、それは、「何らかの根拠がないと、企画の説得力がなく、成功が見込めないだろう?」という意味で使われる場合がほとんどです。それは結局、流行や話題性、タイミングなどを〝後追い〟するという浅薄な文脈でしか使われていません。まだ世に出ていないコンテンツや商品が社会にどんなインパクトを起こすかなど誰にも分からないのに、企画者は必死に何らかの根拠を提示することが求められます。

しかし、企画に説得力を持たせるための根拠など実際はほとんどがこじつけで、ヒット予測も確実なものなど何もないのです。そうした時に企画の採否を判断する根拠となるのは結局、責任者の経験や勘に裏打ちされた根拠なき予感や腹を括った決断なのです。

〝今〟に向かって石を投げ込む

以前、私はイギリス映画『アイヒマン・ショー　歴史を映した男たち』（二〇一五年）を見た際に、「なぜ、今か?」について深く考えさせられました。

これは、ナチス戦犯アドルフ・アイヒマンを裁く〝世紀の裁判〟を全世界にテレビ中継するために奔走した、実在のテレビマンたちを描いた作品です。その劇中にとても印象的なシーンがありました。

世界中の注目を集めて始まった裁判でしたが、いざ審理が始まると人々の関心は同時期にあったガガーリンの宇宙飛行とキューバ危機へ移り、アイヒマン裁判の記者席は閑散としていたのです。現在から見れば、アイヒマン裁判はあまりに有名な歴史的事件ですが、当時は決して人々の最大関心事ではありませんでした。戦後一五年を経て捕えられたナチスの亡霊の裁判に何の価値があるのか、一九六一年という〝今〟の時点では分からなかったのです。

しかし、後にこの裁判の記録映像によって、ホロコーストの実態を多くの人が知ることとなりました。

こうした例を踏まえると、「なぜ、今か?」は本来、もっと違う意味や文脈として使われるべき言葉なのではないかと思います。それは、

「その企画を世に放つことで、〝今〟という状況に変化を与える」

いわば、

「〝今〟に向かって石を投げ込む」

という能動的な意味を込めて、それほどのインパクトや気概を持つ企画なのかを問う意味で使われるべきなのではないでしょうか。つまり、〝今の後追い〟ではなく、むしろ〝未来〟へ向けた影響を問う言葉だと思うのです。

私が「なぜ、今か？」に引っかかっている理由には、その問いが本来あるべき意味とは違う意味や文脈で使われ、〝企画つぶし〟の常套句になっているのではないかという懸念もあります。

もし、企画会議で誰かが訳知り顔で「なぜ、今か？」を問うた時は要注意です。そのありきたりな問いが、長期的な視野でしか捉えられない価値や、今までの尺度では測れない可能性の芽を摘むことになり得るからです。

良いアイデアは「制約」と「必然性」から生まれる

「どうしたら良いアイデア（企画や演出）が生まれるのか？」

この疑問について、私は自らの番組制作の経験から、大きく分けて二つの要素が大切だと考えています。

一つは月並みですが、「徹底した取材」です。

前述の通り、アイデアを含む世の中の新しいものは基本的に「組み合わせ」によって生まれます。しかし、材料が少なければ組み合わせのパターンも限られてしまいます。そのため、まずは材料集めのための学び（取材）が不可欠なのです。

もう一つの重要な要素は、意外にも「様々な制約」です。

毎回、番組を作るたびに課題や悪条件に遭遇し、そのために工夫や知恵を絞らなければならない状況に追い込まれます。でも、そうした中から問題を解決する価値あるアイデア（打開策）が生まれるのです。実際にこれまで、「良いアイデアは〝必然性〟から生まれる」という経験を何度もしてきました。

例えば、二人の偉大な辞書編纂者の相克に迫った『ケンボー先生と山田先生～辞書に人生を捧げた二人の男～』（二〇一三年／NHK－BSプレミアム）。この番組は、映画『ドッグヴィル』（二〇〇三年）のようなスタジオ空間で、一つの国語辞書から二つの辞書が分かれた歴史と二人の辞書編纂者の人生の軌跡をクロスオーバーさせながら進行します。天井からの吊りカメラで捉えた画像を見れば分かる通り、スタジオ全体が二人の〝年表〟のような構造になっているのです。この番組のセットデザイン案は、ディレク

『ケンボー先生と山田先生』のセット。
右が見坊豪紀、左が山田忠雄の写真

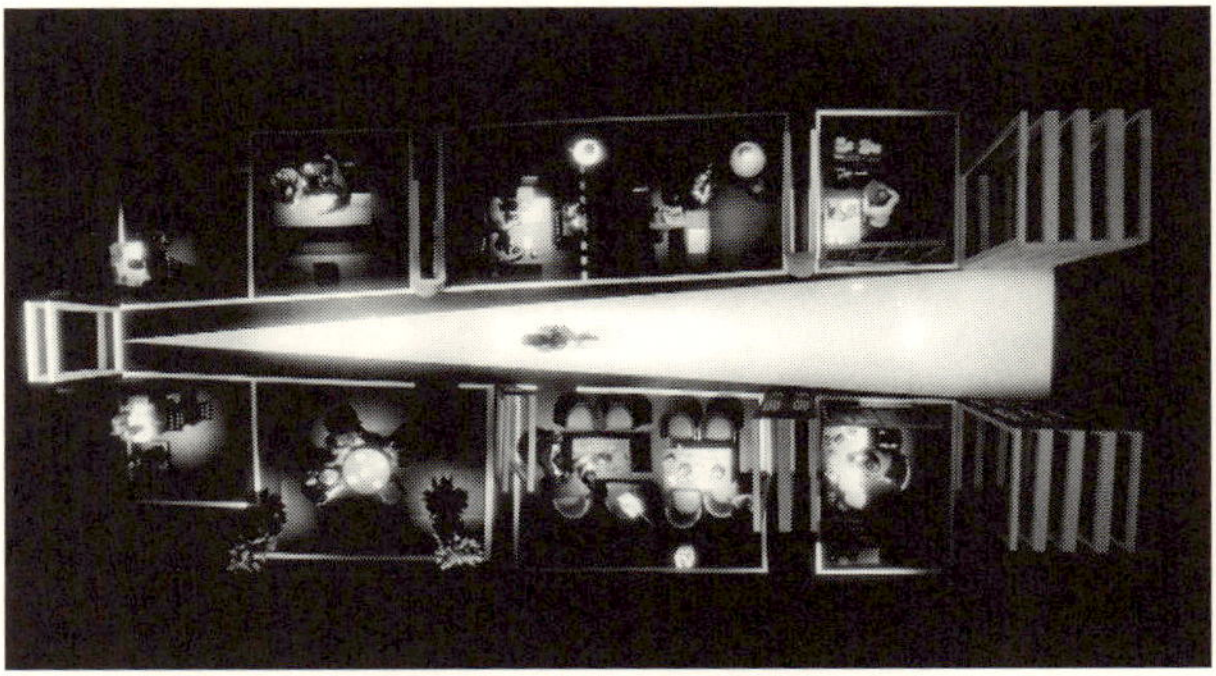

天井からの吊りカメラで見ると、上側に見坊豪紀の〝人生〟、
下側に山田忠雄の〝人生〟と各辞書の変遷が並ぶ構造に

ターである私が自ら描いています。

「なぜ、こんなセットを思いついたのか？」

といえば、実は様々な課題を一気に解決するためでした。そもそも一般の人は、辞書ごとの個性や違いをあまり認識してはいないでしょう。二人の編纂者の個性や違いも当然分からない。すると、二人が決別に至った真相も理解しづらいのは当然です。ですから、なんとかして辞書の違いを分かりやすく伝える必要がありました。

その一方で、この番組の肝は、二人の関係性の変化を〝国語辞書の語釈〟から読み解くことでした。それをスタジオ空間でビジュアル的に表現したいと考えていたのです。

また、番組の主人公は二人とも鬼籍に入られていて、重要なシーンは「再現ドラマ」や「ナビゲーションブリッジ」で展開する必要がありました。しかし、そうした手法は普通にやると、手間がかかる割にありがちなものになる場合が多いのです。

さらに、いつものことですが、スケジュールや予算も厳しい状況でした。

そこで、大きなスタジオを二日だけ確保し、その期間で全ての再現ドラマとナビゲーションブリッジを撮り終えるプランを考えました。スタジオセットはほぼ骨組みだけの状態で撮影し、後から収録した映像に合成や加工を施す形です。綿密な絵コンテを準備して臨まなければなりませんが、大幅な予算削減につながります。

まさしく、様々な悪条件を一気に解決するアイデアがこのセット案だったのです。もし潤沢な予算や十分な期間があったら、こんなリスクのある演出には挑まなかったでしょう。課題や悪条件に後押しされた結果が、今までにないアイデアに結実したのです。

フジテレビで放送された特別番組『ヒューマン・コード～想定外のワタシと出会うための3つの暗号～』（二〇一二年）を企画・制作した際も、セットデザイン案を自分で描きました。

真っ白な床と壁しかないスタジオで、当時はほとんど番組の演出で使用された実績がなかった「プロジェクション・マッピング」を使いました。この番組は、人間の心理を探求する教養バラエティなので、錯覚（思い込み）を利用するプロジェクション・マッピングはまさに最適の演出でした。

ただ、この演出を採用した本当の決め手は、プロジェクターと壁と床しか存在しないセットを見れば一目瞭然ですが、どちらかといえば予算の問題からでした。

ところが、シンプルでかえってスタイリッシュな空間となり、映像効果によってむしろリッチに見せることができたのです。

通常、ディレクターがセットデザイン案まで手掛けることはほとんどありません。でも、これらのアイデアは、ヒト・モノ・カネに制約がある中でギリギリまで無駄な要素を削ぎ落とし、必要なエッセンスを最大限に際立たせようと考え、ひねり出した苦肉の策でした。

しかし、改めて振り返ると、こうした様々な制約があったからこそ、演出的に必然性のある新しいアイデアが生まれたのだと思います。

［コラム2］「ゾンビ」×「ワンカット」の組み合わせ『カメラを止めるな！』

二〇一八年夏、日本の映画界で話題騒然となった作品が『カメラを止めるな！』（上田慎一郎監督）です。いわゆるミニシアター系の作品として低予算で作られた映画ですが、口コミで評判が広がり、都内の上映館では連日、各回満席という大入りが続きました。その後、シネコンなど大きな箱（映画館）で上映されるようになり、観客動員が二〇〇万人を突破する大ヒットとなり、一種の社会現象にまでなりました。

映画専門学校のワークショップから生まれたこの作品は、国内外の映画祭でも数々の賞を受賞しています。海外での本作のタイトルは、『ONE CUT OF THE DEAD（ワン・カット・オブ・ザ・デッド）』。その名の通り、冒頭の三七分間がワンシーン・ワンカットで撮影されたゾンビ映画なのです。

ここ数年、エンターテインメント業界では空前のゾンビブームが続いています。ゾンビ映画はすでにあらゆる切り口で作られ、消費されてきました。そこにエンタメ業界のもう一つの潮流〝ワンシーン・ワンカット〟という手法を組み合わせるというアイデア。海外タイトルを聞くだけで「これは面白そう！」と期待感があおられます（ただ、この作品の本当の面白さは、さらにその先にあるのですが）。

作品の舞台は、ゾンビ映画ではお決まりの廃墟。ゾンビに扮した男がうなり声を上げながら、うら若き女性を襲うシーンから始まります。ゾンビに食いつかれ、絶命する女性。そこにすかさず、監督の声がかかります。

「カット！」

しかし、この映画のタイトルは『ONE CUT OF THE DEAD』。映画はそのままカットが途切れずに進行していきます。ゾンビ映画が氾濫する現在のリアルな状況を背景に、ゾンビ映画の撮影とスタッフ・キャストの姿がメタ的視点で描かれていくのです。

この映画のような「ワンシーン・ワンカット」という手法は、撮影や合成技術の進歩もあり、最近では様々な作品で採用されています。

例えば、ハリウッド映画『ゼロ・グラビティ』（二〇一三年／米国）。冒頭からほとんどカットが途切れずに進行し、想定外の事故に遭遇した宇宙飛行士の緊迫感のあるサバイバルを描いています。

「全編一四〇分ワンカットの衝撃」と銘打たれたドイツ映画『ヴィクトリア』（二〇一五年）は、あるトラブルに巻き込まれる男女の姿をとらえたクライム・スリラーです。上映中、一度もカットが切れない映画というと間延びしたようなアート作品を想像するかもしれませんが、夜明け前の暗がりから始まり、映画の終盤では夜が明け、シーンの色味や展開の変化が激しく、観客を全く飽きさせない作りになっています。

二〇一二年に始まった番組『テラスハウス』（フジテレビ）のオープニングテーマとしても知られるテイラー・スウィフトの曲「WE ARE NEVER EVER GETTING BACK TOGETHER」（二〇一二年）のMVも、ワンカット作品として有名です。これも目まぐるしくシーンが切り替わり、ワンカットであることを忘れてしまう作品です。

このように、近年見られるワンカット作品は、長回しによって生じるダラダラ感を解消し、シーンが途切れないことで生まれる緊張感を最大限に生かそうと、様々な工夫や技術を施すことに腐心してきました。その結果、「ワンカットでありながら、ワンカットであることを忘れる」という作品が数多く生み出されてきたのです。

ところが、『カメラを止めるな！』はむしろその逆を行く作品なのです。観客に対して執拗にワンカットであるがゆえの冗長や不都合を意識させる作りをしています。ダラダラしたシーンがあり、話と話の辻褄が合わないこともしばしば起こります。当然、観客の頭には「？」マークが度々浮かび、思わず舌打ちもしたくなります。

「そんな作品のどこが面白いの？」

と思うかもしれませんが、実はそれこそがこの映画の肝であり、これを唯一無二の作品にしている要素なのです。その理由を語りたいところですが、重大なネタバレになってしまうので未見の方は是非、ご自身の目で確かめてください。

第三章　学び（取材）からすべてが始まる

取材の基本「合わせ鏡の法則」とは？

この章では、「取材とは何か？」について掘り下げていきたいと思います。「取材」と聞くと、マスコミ業界以外の人には縁遠く感じられるかもしれません。しかし、どんな仕事でも「調査」や「リサーチ」は必要とされる作業です。第二章で、ジェームス・W・ヤングの書籍を元に、

「地道に調べ、よく学ぶという正攻法しか、いいアイデアを生む道はない」

と述べましたが、「取材」という行為はまさに「学び」と言い換えることもできるのです。以下、本章で「取材」という言葉で説明している内容も、「学び」と置き換えていただければ、どんな職種や立場の人にも当てはまる話だと思います。

私はテレビ業界で仕事を始めて早一八年になりますが、人に話を聞く取材やインタビ

ユーはいまだにとても難しいと感じています。特にテレビの場合は、新聞や雑誌などの活字メディアと違い、実際に本人が語っている映像や音声を〝記録〟して来なければなりません。これが、簡単そうに見えて実に奥が深いのです。

ニュースやワイドショーでよく見る「街頭インタビュー」は、聞き手であるディレクターや記者の腕の良し悪しがすぐに露呈します。意外かもしれませんが、ただ聞きたいことを質問するだけでは、いいインタビューはほとんど撮れないのです。

例えば、もし、あなたがディレクターから街で声を掛けられ、ボソボソした声で、

「えっと、あの～……、今のサッカー日本代表について……、どう思いますか？」

と、ざっくりとした質問をされたら、どんな風に答えるでしょうか。おそらく、自分もボソボソとした声で返し、漠然とした内容を答えるのではないかと思います。

逆に、ものすごくテンションの高いディレクターから、

「いや～、昨日の日本代表戦、劇的逆転勝利！　やりましたね～!!」

と聞かれたら、あなたも思わずテンション高めに喜びの感情を素直に表現するでしょう。決して試合内容の詳細や戦略について事細かく分析した内容を語ったりはしないはずです。

このように、聞き手の質問の仕方や態度によって話し手の反応や内容もガラッと変化する。これを私は、「合わせ鏡の法則」と呼んでいます。文字通り、合わせ鏡のごとく、聞き手と話し手は不思議と似たような話しぶりや態度になりがちなのです。

質問が抽象的だと、相手の答えも抽象的になる。政治や経済について理性的に答えてほしい場合は、ややかしこまった言い方で尋ねると、話し手も落ち着いた口調や硬い表現で返してくる。こうした現象は、実際にインタビュー取材を数多く経験すればするほど実感します。

取材者として恐いのは、自分の中に不安や迷いが生じていると、相手にもそれが伝わり、やがて話し手も不安そうな表情を浮かべながら話すようになることです。聞き手の自信のなさも、すぐに相手に伝染してしまいます。

このように、取材やインタビューというのは相手の話を聞く行為でありながら実は、「問われているのは〝自分自身〟でもある」

という恐ろしい行為でもあるのです。それは聞き方の問題だけでなく、聞き手の姿勢（態度）が問われる場面で如実に表れます。

「プロ・インタビュアー」を自称する吉田豪さんは、事前に取材相手の過去の記事や著作を読み込み、とことん調べた上で相手から思わぬ話を引き出してしまうことで有名です。著作『聞き出す力』（日本文芸社）の中で、「インタビュー前の下調べはプロとして最低限の礼儀」と述べています。吉田豪さんは「当たり前の話でしかない」と書いていますが、逆に言えば、ちゃんと下調べもせずに取材相手と会い、基本的なことを聞く業界人がゴロゴロいるのです。開き直って、「予定外のことが面白いからインタビューで下調べはしない」と、堂々と語る某フリーアナウンサーのことは本の中で厳しく批判しています。

キッチリと下調べをするからこそ深い話が聞け、いつもは聞けない際どい質問もでき、予定外のインタビューになる。そうした吉田豪さんの考えに、私も全く同感です。なぜなら、「合わせ鏡の法則」からいっても、ろくに下調べをしてこない聞き手に、話し手が心を開いて語るとは到底思えないからです。

問われているのは常に〝自分〟である

「合わせ鏡の法則」に関して、実際に私が経験した具体例を一つご紹介します。

私が企画・制作するＮＨＫのドキュメンタリー特別番組『ブレイブ　勇敢なる者』の

第二弾「えん罪弁護士」は、二〇年以上にわたって刑事弁護に取り組み、無罪判決を一四件（放送当時）も獲得してきた今村核《いまむらかく》弁護士を取材した番組でした。「有罪率99・9％」と言われる日本の刑事裁判では、無罪判決は約一〇〇〇件に一件しか出ません。そんな中、驚異的な実績を残してきた凄腕弁護士は一見、気軽に人を寄せ付けないオーラを放つ〝強面〟でもあります。

放送後、番組をご覧になった多くの方から、

「よく、あの先生を取材できたね～」

と声をかけられました。今村弁護士が気難しい偏屈者に見えたからでしょう。

撮影序盤、慣れないカメラの前で彼は終始、不機嫌な様子を隠しませんでした。そうした被写体と対峙するディレクターの私も不安や不信感をおぼえ始めると、その気持ちは相手にも伝わり、事態はどんどん悪化します。人間関係と同じで、相手のことを信用できなくなると、相手も自分のことを信用しなくなるのです。

私は、現場に不穏な空気が流れていた撮影当初、どんな心境だったかというと、ディレクターとしてそれなりに年齢や経験を重ねてきたせいか、自分でも不思議なほど焦りを感じていませんでした。「今村先生は、絶対にこの番組の取材を途中で投げ出したり

はしない」と信じ、その気持ちが揺らぐことはなかったのです。そう思えたことが、彼との関係をギリギリで支えていたのかもしれません。

撮影が始まって数日後、ある現場まで今村弁護士と共に車で三時間ほどの道程を移動することになりました。その間、カメラは回っていませんが、じっくりと彼と話し込みました。それまではこちらが質問するばかりでしたが、この移動中は終始、今村弁護士の問いかけに私が答えていました。自分がどういう人間で普段、どんなことを考えて過ごしているかなどを話したように思います。直接、今回の番組とは関係のない話題ばかりでした。ただ、この〝ごく普通の会話〟がとても重要だったのです。

それ以後、撮影は順調に進みました。

そして、迎えたロケ最終日、今村弁護士はそれまで誰にも語らず、内に秘めてきた自身の孤独感や絶望感をカメラの前で初めて語ってくれたのです。

私は、今村弁護士との濃密な撮影期間を振り返って改めて感じました。

「問われているのは、やはり〝自分〟の方なのだ」

私は当初、取材者として今村弁護士の内面に迫ろうとするあまり、一方的に聞いてばかりいたのです。しかし、取材対象の人物の心奥に触れるような繊細な取材をする場合には、まずは自分自身のことを相手に伝えることが何より先決です。「合わせ鏡の法則」に則ると、相手の本音を引き出したいのなら、まずは自分が本音で語らなければならないのです。

取材相手との関係がどうもうまくいかない時は、その問題の多くは取材相手にあるのではなく、むしろ取材者である自分の方にあります。準備が不十分だったり、相手に自分が何者であるかをきちんと伝えていないことが原因なのです。

「取材＝話を聞く」ではない

『ブレイブ 勇敢なる者』第二弾「えん罪弁護士」は放送後、大きな反響をいただき、二〇一八年四月に『BS1スペシャル』の枠で、未放送部分を含めて再編集した一〇〇分間の「えん罪弁護士・完全版」として再びオンエアし、より詳細な内容の書籍版も刊行しました（拙著『雪ぐ人 えん罪弁護士 今村核』NHK出版）。

完全版の番組や書籍をご覧になった方からいただいた感想の中で特に多かったのが、今村弁護士の自宅の書斎を取材した場面についてでした。

「まあ、可哀想な本はいくつかあるんですけども……」

まるで我が子を慈しむように、弁護士を志した頃に貪《むさぼ》るように読んだ刑事司法に関する愛読書を手に取る今村弁護士。背表紙は剝がれ、テープでつぎはぎだらけの修復が施されています。めくると、バラバラと崩れるようにページが解《ほつ》れてしまいます。

「一生懸命に読むと、こんな感じでボロボロになっていくんですよ。ああ、本当に憐れ、憐れ、憐れ……。もう、形を成してないでしょ」

無罪一四件という並外れた実績を誇る男の地道な努力が垣間見えるシーンでした。しかし、類い稀な弁護士の本当のすごさは、別な部分にあるのです。彼ははっきりとこう断言しました。

「弁護士って一応、法律の専門家とされてますが、重要なのは有罪か無罪かという事実認定なので、法知識なんてほとんど関係ないんですよ。そりゃ、法律を知らないと、法廷で馬鹿にされて勝負になりませんから、最低限、勉強もしますけど、本当の勝負ってそこじゃないから。知識として法律だけを知っていても勝てないんですよ」

弁護士自ら、「法知識だけでは無罪にならない」と言い切っていたのです。ふと本棚を見ると、確かにそこには司法関連の本よりもむしろ人間科学や自然科学に関する種々雑多な書籍が並んでいます。それには訳がありました。

「こと、えん罪弁護に関しては、実は雑学がすごく重要なんです。言い換えれば、科学的知識。供述や物証の評価とか、心理学とか、ありとあらゆる科学分野の知識がもっと必要だし、何よりものの見方が科学的じゃないといけないので」

今村弁護士のモットーは「証明の科学化」。客観的で科学的な立証を積み重ね、検察や裁判所を「そこまで証明されたら文句が言えない」という状態まで追い込むことで、わずか0・1%の無罪判決をもぎ取ってきました。

そうした姿勢は、彼の〝本棚〟を見るとよく分かります。無実の被告人を救わなければならない現実に直面し、無罪を勝ち取るために必要な知識を得ようと必死にもがいてきた姿がそこに表れていました。

「雑食主義というか、自然と手が伸びてしまうんですよね。読書は趣味というより、仕事みたいなもの」

刑事弁護士としての力量は、法律という専門知識以外に表れる。現実を見ればその通りで、法知識なら遜色のない他の多くの弁護士は、せいぜい無罪は一生に一件取れれば御の字という状態。今村弁護士の実績には遠く及ばないのです。

ある業界に長く属していれば、誰でもある程度の専門知識は得られます。しかし、その業界で抜きん出た実績を残したいのなら、他の人と同じことをしていては駄目なのです。そのことを、寡黙な弁護士の本棚が雄弁に語っていました。

取材といえば、直接、本人に話を聞くことと思われがちですが、本棚のような間接的なものからでも、取材者の観察力や視点の置き方によって豊かな情報や発見を得ることは十分にできるのです。

できる仕事人に共通する「地味にスゴイ取材力」

以前、こんな話を耳にしたことがあります。

「日本で活動しているＣＩＡ職員の仕事の大半は、雑誌や新聞、テレビなど巷にあふれるメディア情報の収集と分析。世に出ているそうした情報の裏を読み解くこと」

映画やドラマで見るＣＩＡ職員といえば、危険を伴うスパイ活動や重大な機密情報を扱っているイメージです。しかし、日常的な任務は、世にあふれる情報をかき集め、そこから物事の背景や人々の思惑を的確に読み取る〝地味な仕事〟なのだそうです。

地道なリサーチがいかに重要か。他にも、そのことを示す模範例があります。

前述の拙著『辞書になった男　ケンボー先生と山田先生』（文藝春秋）で取り上げた人

物、『三省堂国語辞典』の生みの親にして〝戦後最大の辞書編纂者〟とされる見坊豪紀。彼は、辞書作りのために生涯で「一四五万例」という人類史上でも類のない桁外れの用例を一人で集めた人物として知られています。

取材の際、ご子息の見坊行雄さんがこんな話をしてくれました。

「ウチの親父は朝から晩までひたすら〝用例採集〟をしていましたが、そのことを〝勉強〟と呼んでいました」

毎日、休むことなく新聞や雑誌、書籍などあらゆる媒体に目を通し、生きた言葉の用例を集めたケンボー先生は、その途方もない膨大な作業を〝学び〟と捉えていました。その学びがあるからこそ、国語辞典をほぼ一人で編むことができたのです。

偉大な先人が語るように、まずは地味な取材（学び）を徹底して行い、豊富な情報をもとにしたバックデータがなければ、物事の本質や盲点を見出すことはできないのです。

「まずは人と会ってみる」が正解ではない

一見、華やかに見えるテレビ番組制作の仕事も、地道なリサーチの積み重ねで成り立っています。まさに、取材こそが企画や演出アイデアの源なのですが、この取材という行為に対して、業界人を含む多くの人は誤解をしているように思います。

「取材」といえば、大半の人が疑いもなく、「人に会う（聞く）こと」という〝動的〟なイメージで捉えてはいないでしょうか。しかし、それは取材活動のごく一部に過ぎません。実際には、ネットや新聞、雑誌、書籍など、あらゆる媒体から豊富な情報を集める〝静的〟な活動が取材の基本なのです。

すでに世に出ている関連情報をまずは丹念に調べ上げ、それらを黙々と読み込む。こうした取材は、人に会う（聞く）取材に比べて地味で孤独な作業です。とにかく手間がかかり、面倒なことでもあります。ですから、この大事なリサーチを敬遠し、他人に丸投げするようにもなります。

テレビ業界では専門のリサーチ会社に依頼したり、放送作家が実質、リサーチャーの役目を担ったりすることもあります。また、AD（アシスタント・ディレクター）がディレクターの代わりにリサーチを行うことも日常茶飯事です。

しかし、一見、効率的に見える取材の分業化は様々な弊害も生みます。

ディレクターから指示されたADは「言われたことを調べるだけ」という意識になりがちです。また、取材相手や専門家に要領を得ない質問をし、激怒させてしまうトラブルもよく起こります。

さらに、番組作りの要であるディレクターが十分な事前リサーチを行わずに取材相手と会い、ロケを行うことにもなります。これでは相手からの信頼を得られず、深い話が聞けないのは当然です。

私の周りの本当に〝できる〟ディレクターは、当然ながら自ら地道な取材を行い、決して人任せにはしません。そして、常に自己研鑽を怠らず、日頃から様々な分野について学び続けています。

一方、〝できる風〟を装う業界人に限って、「人に会う（聞く）のが仕事」という観念にとらわれています。忙しそうに頻繁に電話し、事前リサーチもそこそこに取材アポイントを取り、とりあえず会いに行く。取材相手からすれば、準備不足で不勉強な取材者に自分の時間を奪われるのはたまらないでしょう。

例えば、取材相手に著作がある場合はせめて一冊くらいは読んでおくべきでしょうし、その他の本についても把握しておいたほうがよいのは当然です。どうしても時間がない場合でも、聞きたい事柄に関する過去の発言だけでもリサーチしておく必要があります。これは、自分のためにわざわざ時間を割いてくれる相手への最低限の礼儀です。

しかし、「とりあえず人に会う（聞く）」タイプの人は、やたらと会議や打ち合わせに時間を割く傾向が強い反面、腰を据えて関連資料や書籍を読み込むといった自分へのインプットに時間を割こうとはしません。

面倒で手間のかかる作業は、多くの人が避けようとします。逆にいえば、その地味な取材（学び）を実践した人は、他の人に比べて明らかに差がつくのです。

取材なくして物事の〝本質〟はつかめない

「なぜ、取材をしなければならないのか？」

マスコミ業界の人間として日々仕事をしていても、こんな疑問を抱く人はそう多くないかもしれません。なぜなら、取材をするのはあまりに当たり前のことだからです。しかし、改めて考えれば、このような理由になるのではないかと思います。

「取材をしなければ、物事の〝本質〟がつかめないから」

手にしている情報量が少ないと、何が問題の核心か、何が最も重要なポイントか、見定めることなど到底できません。だからこそ、マスコミの仕事というのは、まずは「膨大な情報を集める作業＝取材」をしなければ始まらないのです。

私も一つの番組を制作する際には、関連する情報を手当たり次第に集めることから始めます。まるで底引き網のように引っかかる情報は何でも集めるので、こうした取材スタイルを自分で「トロール作戦」と呼んでいます。手間がかかり、読み込むだけでも骨の折れる作業ですが、そこから思わぬヒントや発見が得られます。

ある事柄に関する資料や過去に報じられた内容に目を通すうち、取材の方向性やロケの狙いが見え、重要な疑問点（問い）や他のマスコミがなぜか調べていない盲点も浮かび上がってくるのです。

よく番組制作の方法論として、「テーマが先か？　取材が先か？」ということが話題にのぼります。作り手が予めテーマをもって演繹的に取材を進めていく手法か、あるいは、具体的な取材を進める中からテーマが浮かび上がってくる帰納的な手法か、大きく分けて二つのアプローチがあるのです。

一般的には「テーマが先」という方法論を採る人の方が圧倒的に多いでしょう。特にドキュメンタリーの場合は、取り上げるに相応しい意義やテーマがまずありき、という傾向が強いと思います。企画会議などでも、

「……で、結局、テーマは？」

などと聞かれることがよくあります。

一方、私の制作スタイルは後者の「取材が先」という方法論です。企画段階では、「なんだか面白くなりそうだ」という予感や勘があるだけで、明確なテーマまではあえて設定しないようにしています。

私が「取材が先」という方法論を意識するようになったのは、入社三年目くらいです。ある先輩から、

「事実を丹念に取材することで、描くべきテーマは自然と浮かび上がってくる」

と教えられたことがきっかけでした。自分の実感としても、「取材が先」の方が柔軟で、物事の本質を見失わないような気がしていました。というのも、作り手が予めテーマを決めて取材を始めると、いつの間にかそのテーマに寄せて情報を選別するようになり、さらには、取材相手をこちらが伝えたいことを伝えるための〝手段〟のように扱ってしまわないかと不安を感じていたからです。テーマに引きずられ、目の前の現実と向き合わなくなる気がしたのです。

制作スタイルは人それぞれ、方法論の違いだと思いますが、こと「取材」においては、個人の主義・主張や予断、思い込みなどで判断しないように、情報は選り好みせず、で

きる限り様々な角度から広範囲にわたって集めるべきだと思います。

なぜなら、誤解や偏見を招く内容が報じられてしまうケースのほとんどは、端的にいって取材不足が原因だからです。限られた、偏った少ない情報をもとに拙速に判断した結果、そうしたことが起きてしまうのです。マスコミ以外の分野でも、調査不足や結論ありきの調査によって失敗した例は少なくありません。

取材という行為は、真剣に取り組めば取り組むほど手間・時間・費用という〝負荷〟が増していくものです。取材には「これで十分」というラインが設定されているわけでもありません。制作スケジュールや予算のことを考えると、ある程度で手を打たなければならない事情もあります。

そういう時こそ、先ほどの「なぜ、取材をしなければならないのか？」という問いに立ち戻って考えるべきでしょう。作り手自身がまだ〝本質〟を捉えられていないと感じているなら、取材や情報量が十分に足りていないのです。

〝独学〟こそが成長を育む

言うまでもなく、企業にとって「人材は宝」です。優秀な人材がいるか否かで、その会社の将来が決まると言っても過言ではありません。ですから、どの企業も採用した社員の成長を願っています。しかし、「その宝（人材）をどう磨くか?」という社員教育の問題は一筋縄ではいかないものです。

私も齢四〇を超え、内定者や新入社員への講習を任されるようになりました。その時、二〇歳近く年が離れた彼らは必ずこう尋ねてきます。

「佐々木さんが新入社員の頃は、どんな感じだったんですか?」

この素朴な質問にいつも、

「どうしよう。どこまで本音で語っていいのか……」

と答えを躊躇してしまう自分がいます。私は、入社当時の二三歳の自分が何を感じ、何を考えていたかを実は鮮明に覚えています。

まず、入社後に配属された部で周囲の先輩たちの仕事ぶりを見た私は、「なんだか、やたらと忙しそうだな」と感じました。誰もが引っ切りなしに電話で誰かと話しています。朝、徹夜で編集を終えてボロボロに疲れ切った顔で「おはよう」と声をかけられたりもします。「そうか、これが番組制作の現場なのか!」と感じたりしていました。

ところが、程なくして私は疑問を抱くようになります。一日中、オフィスで忙しそうにしている先輩たちが作った番組を、私自身は正直に言って「ものすごく面白い」とまでは思えなかったのです。

見渡すと、誰もが一生懸命に仕事をしています。

それなのに、出来上がった番組はそこそこ……。

この大いなる矛盾をどう捉えたらよいのか、新入社員の私は困惑しました。

「面白い番組を作ろうと必死に目の前の仕事をこなしても、さほど面白くない番組が出来上がるなんて……。なんてこった、これでは無間地獄みたいじゃないか」

そして、入社したばかりの私は、次第にこう考えるようになりました。

「忙しそうな先輩と同じ仕事の仕方、時間の使い方をしても、一〇年後、自分も同じようになるだけだ。出来上がった番組もそんなに面白いわけじゃない。だったら、全く違う仕事の仕方、時間の使い方をした方がいいんじゃないか？」

今、振り返っても、生意気としか言いようがない新入社員だと思います。先輩たちにニコニコと愛想笑いを浮かべながら、腹の底ではそんなことを考えていたのです。当時の私は、何の実力もノウハウも人脈も持ち合わせていない若造でした。ただし、素直な違和感に従って、自分なりに悩み抜いて「最も確実なことは、別な道を歩むことだろう」と結論づけたのです。具体的には、できるだけ空いた時間を「勉強（学び）」にあてようと考えました。

それから私は、新入社員なのに頻繁に自席を離れるようになりました。白板にはいつも「一資（一階・資料室）」と書いていました。NHK放送センターの一階には、過去の番組を視聴できる資料室があります。時間があればそこへ入り浸り、過去の名作番組をとにかく見まくりました。「まるで、TSUTAYAみたいだなぁ」といつも胸を躍らせて〝独学〟に励んでいたのです。

若手の制作者と話していると、「自分には才能がないので……」と自虐的に語る人を見かけます。才能というのは通常、生まれた時からその人に備わっている能力のことを指しますが、私は「才能とは、学び続けられることにあり」と捉えています。努力を努力とも思わず、ただ「この仕事が好きだから」と、まるで空気を吸うように日々学び続けているような人こそ、本物の才能の持ち主だと思います。「自分の仕事を好きになること」は自発的なことなので、決して人から教えられて身に付くものではないのです。

根無し草の日々こそ、その後に活きる

普通、「新人」といえば先輩に気を使い、言われたことにすぐに取り組むような人が重宝されるものです。それとは正反対の態度をとっていた新入社員の私は、明らかに「変な奴」と思われていたのでしょう。配属からたったの三ヶ月で他の班へ異動させられました。こんなに短期間で異動を命じられるケースは後にも先にもありません。その後も二〇代は異動の連続で、まるで〝根なし草〟のようでした。

しかし、常にそうした環境の変化に晒されたお陰で、分野やスタイルが全く異なる番組制作を数多くこなすことになります。料理番組、健康番組、子育て番組、科学番組、紀行番組……。スタジオ収録の番組もあれば、オールVTRのロケ番組もあります。ジャンルも、情報バラエティからドキュメンタリー、再現ドラマなど、ありとあらゆる形式・手法を経験しました。現在、企画・制作している番組とはかけ離れたスタイルの番組を、若い頃に山ほど制作していたのです。

もし、そうしたキャリアを積んでいなければ、自らセットデザインを描いて番組の世界観ごと構築したり、CGの絵コンテも自分で描いたり、それらをドキュメンタリーと融合させるような一風変わった制作スタイルにはなっていなかっただろうと思います。

今、振り返ると、自分の番組にはこれまで歩んできた経歴が色濃く反映しているように感じます。

仕事のやり方も、従来のテレビ業界の常識にとらわれないようにしています。

取材のアポイントや仕事の連絡の大半はメールでも十分できるので、日中、誰かに電話を頻繁にかけることもありません。そもそも電話は相手の時間を奪うので、四六時中、電話で話しているテレビマンはどうかと思います。取材相手にじっくり話を伺う場合も、直接会って話を聞いた方がはるかに豊富な情報量を得ることができ、相手との信頼関係も築けます。

編集は手間のかかる作業ですが、徹夜をすると翌日の編集に支障が出るので、マラソンのように一定のペースで効率良く進められるように徹夜はしないことにしています。

とにかく、これから業界を担っていく若手制作者には、あまり前例にとらわれず、自分のスタイルを模索し、実践していってほしいと思います。

改めて自分が歩んできた道程を振り返ると、「社員教育」というのは実に矛盾した面を抱えているように思います。なぜなら、会社や先輩に教えられた通りに育った社員が、もし〝優秀な人材〟になれるのなら、世の中にはもっと優秀な人材が溢れかえっているはずだからです。しかし、現実はそうではありません。

真に優秀な人材を育成する社員教育とは、

「教えられた通りでなく、独自の方法論を実践できる人材になることを教えること」ではないかと思います。手取り足取り教えてもらわなくても、自ら考え、行動できる人材でなければ、会社の将来を託せるほどの人材ではないのです。

元も子もない話のように聞こえるかもしれませんが、「じゃあ、どうすればいいのか？」と問われれば、次のビートたけしさんの金言が全てのように思います。

「勉強するから、何をしたいか分かる。勉強しないから、何をしたいか分からない」

（『余生』北野武著／ロッキング・オン）

［コラム3］　学んでなければ分からないスピルバーグの〝継承〟

スティーブン・スピルバーグ監督の映画『レディ・プレイヤー1』（二〇一八年／米国）を夫婦で鑑賞した後、ふと妻がこんなことを言いました。

「すごく面白かったけど、この映画って一体、何を伝えたかったんだろう？」

社会派ドラマなら作品の意義や価値を感じる一方で、痛快な娯楽作を見た後にはこうした感想を抱くことはあります。「映画は面白ければそれでいい」という見方もありますが、今回ばかりは「それだけじゃない」と感じて思わずこう返しました。

「この映画のテーマは〝継承〟じゃないかなぁ」

もちろん、そんなことは直接、映画では語られていません。むしろ、劇中終盤で語られるのは、

「バーチャルの世界もいいけど、リアルの世界もいいよね」

という台詞。それを額面通りに受け取っても、「そんなことをわざわざ言われても……」と感じるだけです。

『レディ・プレイヤー1』は元々原作があるとはいえ、そのストーリーはスピルバーグという映画監督のオタクっぽさや彼の人生と密接につながる内容です。主人公の〝ゲームオタク青年〟はスピルバーグ自身であり、〝バーチャルゲームの世界〟を創り出した

大富豪の老人もまた、彼自身を投影したキャラクターと言えます。私たちが物心ついた頃から映画という〝創造の世界〟を牽引してきた〝映画オタク青年〟のスピルバーグ。彼も老監督となり、まさに今、いかに次世代へバトンを渡すかという立場にいます。

大きな話題となったのは、劇中に登場する過去の様々な映画やアニメ、ゲームキャラクター。そこから伝わってくるのは、単なる懐古趣味ではなく、それらを生み出した作り手への敬意や憧憬です。日本をはじめとする世界中のクリエイターの仕事を最新技術によって蘇らせ、劇中で生き生きと躍動させています。

ネタバレになってしまうので書けませんが、劇中にはスピルバーグが敬愛するある映画監督のホラー作品が登場します。しかも、恐怖ではなく、爆笑を誘う場面として。劇場で思わず声を出して笑っていると、隣に座る一〇代の男子二人連れが私を訝しんでいました。世代の違いか、明らかに元ネタの映画を知らない様子だったのです。

スピルバーグは過去に、亡き巨匠の意思を継ぐ形で、その監督が生前に残した原案をもとに、人工知能ロボットが主人公のSF映画を監督しています。そのことを知る観客なら、あのホラー作品が登場した瞬間に映画のテーマである〝継承〟を意識したでしょう。もちろん、そんなことを知らなくても楽しめる映画ですが、知っている方がより深く味わえるのです。

このように『レディ・プレイヤー1』は、膨大な映像作品を見て育ち、その蓄積の上に成り立っている私たちの〝リアルな世界〟と、映像コンテンツという〝フィクションの世界〟のつながりを描いた作品とも言えます。

同じ料金を払って映画を見るなら、より楽しめる方がいい。でも、そのためには準備や鍛錬といった〝学び〟が必要です。日ごろから何か夢中になれるものがあり、多くの作品に触れている人の方が、一つの作品からより多くの情報量を受け取ることができます。この映画は、まさに多様な映像コンテンツがあふれる〝現代〟を象徴する一作なのかもしれません。

本作は、スピルバーグの初期作品のような若々しさや青臭さに満ちています。幼少期から彼の映画を見て育ったスピルバーグ世代の私は、そのことに改めて深い感銘を覚えました。そんな作品を七一歳になっても観客に送り届けることが、スピルバーグが示した〝継承〟の形なのかもしれません。

第四章　「演出」なくして「面白い」は生まれない

純然たる〝ありのまま〟を伝えることはできない

もし「演出とは何か？」と問われたら、あなたはどう答えるでしょうか。

一般的に演出は、ドラマやバラエティ番組で行われるものと捉えている人が多いでしょう。一方、現実を捉えるドキュメンタリー番組には「演出がない」と思っている人がいるかもしれません。が、それはたいへんな誤解です。というと、即座に「ヤラセ」を連想する方がいるかもしれませんが、もちろんそういう話ではありません。

まず、大前提として、どんなドキュメンタリー作品にも演出は存在します。また、マスコミ業界に限らず一般の人も、実は日常的に演出を行っているのです。

では、「演出」とは一体、何なのでしょうか？

それについて考えていく上で一見、縁遠く思える「ドキュメンタリー」というジャンルはもってこいの題材です。本章では、主にドキュメンタリーにおける「演出」について考えることで、「演出とは何か？」を深く掘り下げていきたいと思います。

まずは、よくある勘違いについて。先日、とある番組評論の記事の中でこんな文章を目にしました。

「ドキュメンタリーは一般的に『仕掛け』をしない。『仕掛け』をするとヤラセになってしまう。つまり、撮影対象の人間に対して『他人の作為』が介在しないのがドキュメンタリーだということができるだろう」

元テレビ業界人が書いたというこの文章を読み、私は「なんとも誤解を呼ぶ言い方だなぁ」と眉をひそめました。私と親しい同業者もこの一文に同様の反応を示しました。

もちろん、ヤラセは許されないことです。そのため、一般の方はこの文章を一読しても、何も違和感をおぼえないかもしれません。むしろ、

「そういうものでしょう。ありのままの現実を捉えるのがドキュメンタリーなんだから」

と思うかもしれません。こうしたドキュメンタリーに対する〝ありのまま幻想〟とでもいうべき認識は根深く存在します。

しかし、ドキュメンタリーであっても「他人（作り手）の作為が介在しない」などということはあり得ないのです。まずは、この初歩的で、根本的な誤解を解かなければなりません。

ある現場で何かを撮影する場合も、ディレクターやカメラマンの〝主観的〟な視点によって現実が切り取られます。高名なドキュメンタリー映画の世界的巨匠フレデリック・ワイズマンも、次のように述べています。

「（筆者注：ドキュメンタリー）映画には劇的なシークエンスや構造がなくてはいけません。だから、そうですね、ドラマを探しています。しかし、殴り合う人や、撃ち合う人を探しているというわけでもないのです。日常的な体験の中にもたくさんドラマがありますからね」

（『ドキュメンタリー・ストーリーテリング「クリエイティブ・ノンフィクション」の作り方』シーラ・カーラン・バーナード著／島内哲朗訳／フィルムアート社）

ドキュメンタリー撮影の現場では、よく〝自然〟な被写体の姿を捉えようとします。しかし、カメラで撮影されている状態は、すでに自然でも日常でもないのです。撮影対象は「撮られている」という状態を受け入れた上で、自然に振る舞っているに過ぎません。ですから、撮影者が現場にいる時点で、何らかの作為は働いているのです。

それどころか、たとえ据え置きのカメラで捉えた映像でも、その素材のどこを切り取るかという編集（抜粋）が行われるなら作り手の〝主観〟（意図・作為）からは逃れられません。

例えば、NHK―BS1の『BS世界のドキュメンタリー』で放送されたイスラエルの傑作ドキュメンタリー『バスターミナル　死の真相』（二〇一七年）。これは、二〇一五年にバスターミナルで起きたテロ事件を、監視カメラ映像と目撃者のインタビューのみで検証・構成した作品です。

この番組では、同じ監視カメラ映像が何度も繰り返し再生されます。秀逸なのは、同じ映像なのに受け取る情報や印象が、番組が進行するに従って一変する点です。勇敢な人物だと思っていた人が加害者になり、憎きテロリストだと思っていた人物への印象もガラリと変化します。

なぜ、同じ映像なのに、受け取る印象が変わるのでしょうか。

それは、作り手の意図（作為）によって演出・構成がなされた結果なのです。

このように、ドキュメンタリーが描く現実というのは、あくまで作り手の〝主観〟というフィルターを通した現実なのです。言い換えれば、ある出来事に対する、制作者の一つの〝解釈〟とも言えるでしょう。

世に出ている情報には、必ず送り手の主観的な視点、判断、抜粋などが介在します。ドキュメンタリーであろうとニュースであろうと、レベルの差こそあれ、送り手の主観や解釈がその情報には必ず含まれています。個人が伝える情報でも同様です。「ありのままの現実を映している」ということはなく、送り出される情報は送り手（作り手）の視点や意図から逃れられないものなのです。

近年よく耳にする「メディアリテラシー」とは、様々な媒体が発する情報をそのまま鵜呑みにせず、どんな意図で作られ、送り出されたものかを視聴者が自らの頭で判断し、読み解く能力のことです。これはもう二〇年以上も言及されてきたことで、昔に比べればこうした概念も広く一般の方にも浸透していると思います。

また、そもそも「ドキュメンタリーとは何か?」を明確に定義すること自体、きわめて困難なことだと思います。実際、どこまでがドキュメンタリーで、どこからが情報バラエティか、報道番組であるかなど、安易に線引きはできないからです。

最近では、再現ドラマなどの手法とドキュメンタリーを融合させている作品も珍しくありません。海外では、ほぼ全編CGアニメーションで作られた『戦場でワルツを』(二〇〇八年/イスラエル)や実写映像をもとにアニメーション映像を作る「ロトスコープ」という技法を使った『テキサスタワー』(二〇一六年/米国)といった優れたドキュメンタリー作品もあります。そうした作品のドラマ部分やCGパートは、事前に脚本や絵コンテが練られ、事実をもとに作り手の意図(解釈・作為)が込められた内容です。かといって、「現実の〝ありのまま〟の映像ではないからドキュメンタリーではない」とは言えないでしょうし、「リアルな映像ではないからドキュメンタリーとして価値が低い」ということにもならないでしょう。

第二章で述べたように、「新しいアイデアは、既存の要素の新しい組み合わせ以外の何ものでもない」と捉えれば、ドキュメンタリーというジャンルも他のジャンルや手法と組み合わさり、新しい形へと進化していくのは必然なのです。

最近、若手のテレビ制作者と話していると、彼らの多くが、「ドキュメンタリー番組を作りたいと思って、テレビ業界に入りました」と語るのを耳にします。彼らの話しぶりから、ドキュメンタリーを何か特別で崇高なもののように捉えている節も感じられます。

しかし、よくよく話を聞くと、ドキュメンタリーと言ってもせいぜい『NHKスペシャル』などを見てきた程度で、過去の有名なドキュメンタリー映画や目覚ましい変化を遂げている最近の海外作品を見ているわけではなく、漠然とした憧れからそのように語っているようなのです。ドキュメンタリーを妙に凝り固まったイメージで捉えているのは、若手制作者に限ったことではありません。先ほど紹介した文にあるように、一部の業界人も未だにドキュメンタリーというものを狭義で捉えています。残念ながら、そうした認識がこのジャンルの発展を妨げている一因と言えるのかもしれません。

演出とは〝状況設定〟である

「演出」というと、一般的には「映画やドラマで、役者に演技指導をすること」などをイメージする人が多いと思います。確かにそれも演出に違いありませんが、脚本やシナリオがあるフィクションに限らず、生身の人間のリアルな姿を捉えるドキュメンタリーにおいても、歴として「演出」は存在します。といっても、無いものを有るかのごとく捏造する「ヤラセ」のような行為ではありません。

演出とは、より正確に言えば「様々な技術や工夫を凝らし、より効果的・魅力的に見せること」。実際、こうした演出はエンターテインメント業界に限らず、一般の人も日常生活の中でよく行っていることなのです。

例えば、恋人への「サプライズ演出」。普通にプレゼントを渡したり、プロポーズしたりするよりも、いつものデートとは違う状況をあえて作り、驚きという〝差異〟を伴ってより相手の感情に訴えようとする試みです。そうした演出には手間や準備もかかるので、相手に自分の誠意を感じ取ってほしいという願いも込められています。

これは、演出する側が相手の反応を予測しながら、ある状況を意図的に設定し、準備を念入りにして行うもの。すると、演出は次のようにも捉えられるでしょう。

「演出とは〝状況設定〟である」

これは、ドキュメンタリーでの撮影対象に対する演出にも通じるものです。脚本やシナリオがあるわけではないので、ドキュメンタリーの被写体が実際にどう動くか、どんな話を語るか、どういった変化や成長を見せるかを正確に予測することはできません。

しかし、だからといって何もせず〝ありのまま〟の現実をただ撮影していても、面白い作品になるかといえばなかなか難しい。そこで鍵になるのが、まさに「状況設定」なのです。

周到な準備で確率を高めるプロの「演出」

長年、テレビ業界にいると、テーマや撮影対象がどうであれ、「ちゃんと撮れる作り手」と「あまり撮れない作り手」に分かれるという厳然たる事実を目の当たりにします。両者の違いは〝運〟によるものなのでしょうか。あるいは、一口に〝経験や実力の差〟と片付けられてしまいがちですが、具体的には何が違うのでしょうか。

そもそも「撮影」という行為は、よく「獲物をとること」に喩えられます。英語の「シューティング」（撮影）は、まさに「狙いを定めて撃つこと」。和製英語の「ロケハン」（ロケーション・ハンティング）はロケ地を探すことですが、「ハンティング」（狩り）という言葉を使っています。その他にも、業界用語でロケの準備を「仕込み」と言ったり、現場の状況に何か変化やきっかけを与えることを「仕掛ける」と言ったりもします。これらは、漁の「網」や狩りの「罠」に使う言葉でもあります。

当然ながら、どんな獲物をとるかによって使う道具や装備、滞在期間も異なります。気候や天候の変化など不確実要素は無数に存在しますが、腕のいいハンターや漁師は地形や動物の習性などを考慮しながら狙いを定め、適切に網や罠を仕掛けて確実に獲物を手に入れる〝確率〟を高めていきます。

同様に、ドキュメンタリー撮影も腕のいい作り手は、単なる偶然や運にまかせるのではなく、しっかりと狙い（意図、想定、仮説）を定め、様々な状況設定を整えながら撮影に臨むのです。

まず、「何を撮りたいか」が定まっていなければ、闇雲にカメラを回すことになり、撮影期間も長期化します。予算やスケジュールに限りがある中でこの状態は致命的ですが、駄目なパターンとして狙いが曖昧なままロケに突入してしまうケースはよくあります。その背景には、前述した「ドキュメンタリーは〝ありのまま〟を捉えるもの」という幻想（思い込み）があるのかもしれません。

ドキュメンタリー撮影の現場は基本的に〝一発勝負〟の連続で、再現不可能な瞬間をまさに〝記録〟してくるもの。もし、その一瞬を撮り損ねてしまうと取り返しがつきません。そのため、熟練したディレクターや腕の立つカメラマンほど、事前に「どんなことが起こり得るか」を入念に想定し、様々な準備を怠らないのです。普段、何気なく見ているドキュメンタリー作品のシーンも、実は細かな状況設定を整えた上で撮影されています。

太陽光や照明など明かりの方向。人の出入りなどの動線やカメラポジションなど空間の確認。撮影機材の選択、レンズはノーマルか、ワイドか。ワイヤレスマイクを撮影対象に事前に仕込むのか、ガンマイクにするか。店内での撮影の場合は事前の許可はもちろん、撮影時にＢＧＭをＯＦＦにしてもらい、店内が暗ければ照明をセッティングさせてもらうなど、挙げればきりがないほどです。

しかし、こうした準備をいい加減にし、選択を間違えると、せっかく記録した映像や音声も効果的・魅力的に伝えることができず、台無しになってしまいます。また、現場で重要なことが起きていても、みすみす見逃してしまうことにつながるのです。

インタビューも、「いつ、どんな場所で、どんな質問をどういった流れ・タイミングで投げかけるか」という状況設定によって、撮影される内容は大きく変わります。なぜか日本のドキュメンタリー業界では、板付きインタビュー（取材相手がすでにいる状態でカメラを回して行うインタビュー）は軽視されがちで、「簡単に撮れるもの」と思い込んでいる人が多いのですが、こうしたオーソドックスなインタビューも基本的には一発勝負であることに変わりはありません。入念な準備をして臨まなければ、決していいインタビューは撮れないのです。

このように、ただ漫然と〝ありのまま〟を撮るというより、むしろ積極的に現実に働きかけ、状況に変化を加えることでその瞬間にしか撮れないものをしっかりと記録してくるのが「ちゃんと撮れる作り手」なのです。

現実に起こる出来事は複雑で予測困難ですが、様々な状況設定（準備）をいかに徹底するかが各ディレクターの〝演出力〟の差であり、それがドキュメンタリーにおける「撮れ高」や番組の出来にも影響します。

もし、作り手が状況設定など何もしなくても「撮れる」なら、それはすなわち「誰でも撮れる」ということになります。しかし、そんなことはまずあり得ないのです。

こうしたことは番組制作にかかわらず、ビジネスにも敷衍して捉えられるでしょう。商談や会議でのプレゼンをうまく進めたい場合も、内容はもちろんのこと、いかにその場を演出（状況設定）するかによって相手の反応は大きく変わります。例えば、毎回、世界中から注目を集め、多くの人を魅了するアップル社の新商品プレゼンテーションなどはその好例と言えるのではないでしょうか。

「密着すれば人間が描ける」は本当か？

かつてNHKで多くの名作ドキュメンタリーを世に送り出した大先輩で、私にとっては〝師匠〟とも言うべき存在のYさんが、最近のドキュメンタリー番組についてこんな苦言を呈していました。

「近ごろ、どんな番組でもやたらと〝密着〟を強調するようになった。俺たちの時代には、決してそんなことは言わなかった」

確かに番組表を見ると、「○○に独占密着！」といった文言があちこちに躍っています。なぜ、その言葉に嫌悪感を抱くのか、ピンと来ない人がほとんどでしょう。

一般の人に限らず、制作者の多くも、

「密着すれば、普段は見られないものが撮影でき、人間をより深く描ける」

「密着することによって、何かが起きる瞬間を撮影できる」

というイメージを抱いていると思います。

しかし、果たしてそれは本当でしょうか？

私自身も〝密着〟を礼讃する昨今の傾向には疑いの目を向けています。

大先輩がまだ若手の頃、フィルム時代のドキュメンタリーは一つのロールでわずか数分程度しか記録できないという条件の中、優れた作品を数多く残してきました。その後、フィルムからテープへ移行し、撮影機材の進化と共に現在はデジタルデータで映像と音声を記録するようになっています。その結果、手軽に長時間撮影が可能となり、好きなだけカメラを回せるようになったのでその分、昔よりもはるかに面白いドキュメンタリー番組がたくさん作られるようになった……と言いたいところですが、現状はそうとは言い難いのです。各局のドキュメンタリー枠は激減し、昔に比べてジャンルの存在感は明らかに失われています。

たくさん撮っても、必ずしも面白い作品が生まれるとは限らない。また、撮影条件が厳しかった頃よりも、ドキュメンタリーというジャンルの勢いが失われているのはなぜなのでしょうか。そこには、「密着すれば人間が描ける、何かが起きる」というある種の〝盲信〟が関係しているようにも思います。

実際、来る日も来る日も被写体にカメラを向けて付いて回り、その様子を漫然と撮影しても、そこにはただ〝日常〟があるだけで、特別な出来事はほぼ起きません。自分の人生を振り返っても、仰天するような事件やハプニングはごく稀にしか起こらないものでしょう。

前述の通り、作り手がしっかりと狙いを定め、状況設定を整えて撮影に臨むことで、そうした日常の中にもドラマやストーリーが見出されるのです。ただ遮二無二、獲物を追いかけ、めったやたらと銃を撃ちまくっても獲物を捕らえられないのと同様です。

事件や緊急事態が頻発するような状況がすでにある現場と違い、通常の撮影現場にはいたって穏やかな日常の時間が流れています。だからこそ、何かが起こりそうな時期やタイミングを狙って撮影に臨む。あるいは、何かが起こりそうな状況設定を整えた上でカメラを回し、記録するのです。

わずか数分程度しか記録できないフィルム時代のドキュメンタリーは、まさにそうした作り手の演出力が問われていました。

一方、現在はどうでしょうか。文字通り、毎日のように被写体に密着し、一日中、カメラを回しっぱなしにしていたら、もはや狙いが何かも分からなくなります。当然、体力や集中力も切れます。そして、撮影素材は膨大な量になるのです。

こうしてなんとなく撮りためていった先にあるのは、「編集室で物語を考えればいい」という〝何でも後付けにする〟姿勢です。と言っても、予め放送日（締め切り）も決まっていて編集期間にも余裕はないので、せっかく撮影した素材を丹念に見直すこともなく、ナレーションなどで強引にストーリーを展開させるようになります。

テレビ業界以外の人には耳を疑うような実態に思えるでしょうが、実際、こうしたことは編集現場では珍しくない〝あるある〟です。

また、撮影対象にとっても密着されることはストレスで、迷惑でしかないことも少なくありません。

私が企画・制作したNHK総合の特別番組『Dr．MITSUYA～世界初のエイズ治療薬を発見した男～』（二〇一五年）で、初めてドキュメンタリー番組の取材を受けた満屋裕明医師（アメリカ国立衛生研究所／国立国際医療研究センター）は毎年、ノーベル賞候補にも挙げられる人ですが、それまでNHKや民放の有名なドキュメンタリー番組の取材依頼をことごとく断ってきた人でもありました。理由は、「密着取材されると、仕事にならないから」です。でも、それまで彼にアプローチしてきたテレビ制作者は皆、「密着すること」を条件に挙げたといいます。

ドキュメンタリー制作者の間には、なぜか「ドキュメンタリーは、人に密着してナンボ」という〝密着信仰〟が存在しています。また、過去の出来事を描くより、今まさに起こっている出来事を追うのがドキュメンタリーであるという〝現在進行形（ｉｎｇ）信仰〟も根強くあります。

しかし、満屋医師に関する最も注目すべき逸話は、一九八〇年代のエイズ・パニックが巻き起こっている当時、孤独に実験をくり返し抗ＨＩＶ治療薬を世界で初めて発見した事実です。そうした過去の出来事も、構成や見せ方の工夫で魅力的なドキュメンタリーにすることは十分に可能なのです（第六章で詳述）。

私は「密着しないこと」を条件に満屋医師から取材許可をもらい、実際に彼の撮影は日本とアメリカを合わせて一週間ほどで終えました。

こうした制作スタイルで臨んだのは、若い頃に〝密着信仰〟に苦言を呈していた大先輩・Ｙさんの教えを受けていたからです。ロケに行く前に、あえて持参するテープの本数を制限するように言われたこともありました。「いくらでも撮れる」というのは一見すると好条件に思えますが、「いくらカメラを回しても（面白いものが）撮れない」ということにもなり得る危険性を見抜いていたのです。

どんなに撮影機材や記録方式が発達しても、結局は人間が相手のドキュメンタリーの場合は、作り手の「何を、どう撮るか」という演出力（状況設定・準備）が問われるのです。

〝前倒し〟が演出のカギを握る

大先輩のYさんからは、他にも貴重な助言をもらいました。ある時、編集室で私がなかなかナレーションを書けずに苦しんでいると、彼からこう声を掛けられました。

「仕事ってのはな、〝前倒し〟でやるものなんだよ」

なぜ、ナレーションが書けないのか。その理由は、語彙力の無さではない。乏しい文才のせいでもない。ここに至るまでの〝準備〟の問題だと指摘したのです。

取材の段階からナレーションになりそうな文言やキーワードに出くわしたら、その都度、書き留めておく。思いつきや付け焼き刃のような言葉ではなく、取材という膨大な蓄積を元に言葉を紡いでいくものだと教えられました。

当時の私には、そうした仕事に対する姿勢が明らかに欠けていたと思います。「ナレーションは編集室に入って一から書くもの」と思い込み、「後付けで考えればいい」としか捉えていなかったのです。

そんな考え方なので、何事も行き当たりばったりの連続でした。ロケ当日の朝、出発直前まで構成台本（番組の流れや撮影内容を記したもの）を書いていることも珍しくありませんでした。だから、当然、寝不足で頭はボーッとしています。忘れ物やミスも起きます。おまけに集中力も切れ、撮影現場で起きていることとしっかり向き合えなくなっていました。

一方、前倒しで取り組めば、心身に余裕をもった状態でロケや編集に臨めます。思わぬ発見など、現場での観察力も発揮しやすくなります。また、不測の事態が発生しても冷静に対処することができるのです。そんなことは言われなくても当然のことでした。

しかし、恥ずかしながら先輩に言われるまで、前倒しの合理性や利点を甘く捉えていたのです。その後、少しずつ仕事への取り組み方を見直していきました。ギリギリになって慌てないように、できるだけ自分の中での締め切りを早めに設定するようになりました。

数年経つと、ロケや収録の前日までにやれるだけの準備と想定を済まして、当日は、「人事を尽くして天命を待つ」という心境で迎えるようになりました。

「演出」というのは、いかにも「その場で即興的に行われるもの」というイメージがありますが、実は〝前倒し〟で行う準備こそが重要なのです。

前述した状況設定が「場」のコントロールならば、前倒しで行う準備は「時間」のコントロールと言えるかもしれません。言い換えれば、「演出とは、場や時間をコントロールし、最も効果的な結果をもたらす状況を整えること」なのです。これは番組に限らず、恋人とのデートからビジネスでの営業や交渉事に至るまで、あらゆることに通じると思います。

「他者との関係性」は刻々と変化する

ある人物に肉迫したドキュメンタリー番組を見た時、テレビ業界の人間が言う台詞として次のような慣用句があります。

「被写体との関係性ができていたね～」

これは、別な言い方をすると「取材相手と仲良くなっていた、信頼関係が築けていた」ということです。相手から信用されなければ深い取材はできない。プライベートな部分や内に秘めた想いをカメラにおさめることもできない。ですから、当然といえば当然ですが、被写体と関係性を築くことの重要性が度々言及されます。

しかし、私はこの「関係性を築く」という慣用句に少なからず違和感をおぼえてきました。この言葉にどこか計算高さや嫌らしさを感じてしまうのです。「取材や撮影をさせてもらうため、関係性を築こうと近寄ってくる人間に、果たして本当に心を開くだろうか」などとひねくれた見方をしてしまいます。

むしろ私は、取材相手との〝関係性の変化〟、あるいは〝関係性そのもの〟を見せる（記録する）ことが、人物ドキュメンタリーの醍醐味ではないかと捉えています。実際、取材対象との間に一定の緊張関係があるからこそ撮影できるシーンもあるからです。

例えば、前述の『ブレイブ 勇敢なる者』「えん罪弁護士」では、撮影序盤に被写体である今村核弁護士が、カメラを向けられるのを露骨に嫌がる場面が登場します。エレベーター内で、

「参っちゃうんだよね。ずっと撮影されているとさ」

と鬼の形相でカメラを睨みつけ、その後、私が質問を投げかけても無視するシーンです。ただ、実際には撮影を始めて延べ二時間ほどしか経っていなかったのですが……。

もちろん事前に彼とは何度も会い、撮影を了承していただいた上で臨んだのですが、

今、振り返れば「関係性ができている」という状態ではなかったのだと思います。しかし、不機嫌さを隠さない彼の姿は、同僚の弁護士たちが「偏屈者で、いつも怒っているか、ムッとしてる」と証言する人物像そのものでした。

この時、撮影スタッフの間には動揺が広がりました。長年、様々な番組で苦楽を共にしてきたカメラマンと音声マンが、

「こんな調子でこの先の撮影が上手くいくのか……」

と不安を吐露していたのを覚えています。一方、ディレクターである私の受け止め方は違いました。無罪一四件という類いまれな実績を誇る今村弁護士の実像にますます興味を抱いていたのです。

一般的に誰でもカメラを向けられれば〝よそ行きの自分〟になります。普段と違う自分を取り繕うこともできます。でも、彼はあまりに無防備にいつもの自分をさらけ出していました。ですから、私は彼に対して「カメラの前でも嘘がつけない、不器用なほど正直な人」という好印象を抱いていたのです。

その後、ロケ期間が中盤に差し掛かるころ、自宅マンションのエレベーター内で今村弁護士は防犯カメラの映像を指さし、

「自分の頭の白髪を見て、がく然とするんですよ」

と言いました。すかさず、私が、

「撮影のストレス？」

と尋ねると、

「いやぁ、そこまでは……」

と苦笑しました。撮影序盤に見せた表情とはまるで違う、茶目っ気ある人柄が伝わってくるシーンです。こうしたやり取りから分かるように、一週間ほど経ったこの頃には互いに冗談を言えるほどの仲になっていました。関係が深まってから彼の表情はつねに柔和で、偏屈者のような態度は全く示さなくなりました。

つまり、この時には、私との関係性はすっかり変化していたのです。

ある人物に肉迫するドキュメンタリーの場合、一定の緊張関係がある時にしか撮影できない場面は確かに存在します。もし撮影序盤のシーンが撮れていなければ、今村弁護士に対する印象の〝差異〟や、人物像の奥深さまでを表現することはできなかったでしょう。

もちろん、取材相手への礼儀や思いやりが欠けていれば論外ですが、単純に「被写体と仲良くなること」だけを考えていても、その人物をより豊かに描けなくなる可能性があるのです。これは見過ごされがちですが、人物ドキュメンタリーにおいてはきわめて重要なポイントだと思います。

ドキュメンタリーはまさに、その時々にしか撮れない瞬間を〝記録〟するもので、インタビューなども含め、毎回、ほぼ一発勝負の連続です。被写体との関係性も同様で、後戻りすることはできないのです。そこが非常に難しく、作り手の真価が問われる部分でもあります。

ちなみに、ドキュメンタリー番組では通常、ディレクターの姿は極力映り込まないようにし、質問などの声も編集でカットすることが多いのですが、私はあえて自分やロケスタッフの姿が映り込むシーンを使い、質問の声も生かした編集をしています。それは、「取材相手との関係性（の変化）を示しながら見せる」という明確な演出意図があるからです。だから、あえて視聴者にも取材者の存在を意識させる作りにしています。

それと同時に、自身の姿を晒すことで、取材者として自分の至らなさやその時の現場の空気も含めて伝える意図も込めています。被写体に本音を語ってもらいたいなら「合わせ鏡の法則」の通り、作り手側も正直であるべきだと思うのです。ある人物の光と影、その両面を描くような人物ドキュメンタリーにおいては、特に作り手にはそうした姿勢が求められると思います。

［コラム４］ 関係性の変化を描く傑作ドキュメンタリー『イカロス』

たまに、無理をしてでも他人に薦めたくなる傑作に出会うことがあります。

Ｎｅｔｆｌｉｘオリジナルドキュメンタリー『イカロス』（二〇一七年／米国）は、まさにそんな作品です。衝撃を受けた私は、居ても立ってもいられず、懇意にしている各局のテレビ制作者に「絶対に見るべき！」と押しつけがましいメールを送りつけました。すると、『イカロス』を見た彼らから、すぐにこんな感想が送られてきました。

「衝撃ですね、打ちのめされました。ロシアのドーピング問題は知っているつもりでしたが、告発する前から追いかけていた映像スタッフがいたとは……」

「見終わったあと、監督と元所長が生きているのか、思わず調べてしまいましたよ。時系列的にもにわかには信じられないことが次々起こるので、最初フィクションなのかと疑うほどでした」

いずれも、ドキュメンタリーや情報番組の第一線で活躍する制作者の感想です。

国際オリンピック委員会（ＩＯＣ）は二〇一七年末、組織的なドーピング疑惑を指摘されているロシアに対し、選手団の平昌冬季五輪参加を認めない裁定を下しました。参加できるのは潔白を証明できる選手のみで、ロシア国歌や国旗を使わず、あくまで個人としての参加という条件を突きつけたのです。

事の発端は、二〇一四年のソチ冬季五輪などでロシアが国家ぐるみのドーピングを行っていたことが発覚したからです。その驚くべき手口については、すでにニュースでも報じられています。一連のドーピングを指揮していたのは、ロシア反ドーピング機関の元所長であるグリゴリー・ロドチェンコフという男です。

この作品は、こうした事実が明るみに出る以前からこの元所長に接触し、ドーピングの実態について赤裸々に告白するインタビューを収めています。そう聞くと、「なるほど。巨悪を暴くジャーナリスティックな作品なんだな」と思うかもしれませんが、本作は決してそんな作品ではありません。むしろ、悪ノリ感満載の〝ズッコケ人体実験ドキュメンタリー〟として始まるのです。

監督・主演は、ブライアン・フォーゲルというアメリカ人。彼はアマチュアレースに出場する自転車選手としての顔も持っています。ツール・ド・フランスを七連覇しながら、後にその記録を抹消されたランス・アームストロングのドーピング問題に衝撃を受け、自分もドーピングをしてレースに出場したらどうなるか、その一部始終を記録する企画を思いつきます。ドキュメンタリー作品に詳しい方なら、

「ああ、『スーパーサイズ・ミー』（二〇〇四年／米国）のような人体実験モノか」

とピンと来るでしょう。三〇日間、ファストフードを食べ続けたらどうなるか、監督自ら実践して話題になった作品です。その後、類似作品が数多く作られました。

いわば〝ドーピング版・人体実験モノ〟として始まる『イカロス』ですが、元々、投薬の管理や検査をすり抜ける知恵を教わる予定だった専門家にドタキャンされてしまいます。その代わりに登場する指南役が、後に渦中の人物となるロシアのグリゴリー・ロドチェンコフ元所長なのです。

この元所長は、ロシアのドーピング問題を報じるニュースでは〝悪の権化〟のように伝えられていました。私もその印象で彼のことを見ていましたが、『イカロス』での彼

を見て仰天しました。底抜けに明るく、陽気な人物だったからです。監督も当初は信用できる人物なのか、かなり怪しい目で見ていました。

一方、監督のフォーゲルのキャラクターも実にユニークです。巨悪を暴くジャーナリストといった風情ではなく、いつもヘラヘラして頼りない〝フニャ男〟なのです。

序盤は、フォーゲルの自撮り風の映像とロドチェンコフとのスカイプ映像を中心に、まるでコメディ映画のようなノリで展開していきます。

ところが、本作はその後、思いもよらない方向へ転がり、全世界を揺るがす大騒動へと発展していきます。監督と元所長はその渦に巻き込まれ、人生を大きく狂わされていくのです。その間も、カメラはずっと二人の姿を記録し続けます。

世界を揺るがす前から当事者を撮影していたドキュメンタリーといえば、エドワード・スノーデンが米国政府による国民のプライバシー侵害を告発する過程を描いた『シチズンフォー～スノーデンの暴露～』（二〇一四年／米国）があります。ただ、この作品は大問題に発展することを予期し、身の安全を確保する意味も含めて記録されていたものでしょう。

一方、『イカロス』は、明らかに〝撮れてしまった〟作品です。しかし、だからといって何も考えずにただ〝ありのまま〟を見せているわけではありません。

〝フニャ男〟監督フォーゲルは、巧みな自撮りによって自身の心情を表現し、元所長が歩んできた人生や人物相関図をCGやアニメーションを駆使して効果的に見せていきます。より多くの人に伝えるため、よく考え練られた撮影・編集・構成なのです。

私が最も興味深く感じたのが、本作がいわゆるジャーナリスティックな視点というより、フォーゲル監督とロドチェンコフ元所長の〝関係性の変化〟に重きを置いている点です。二人はアメリカ人とロシア人、監督と協力者、という関係から、次第に人生でかけがえのない〝友〟となっていくのです。

第九〇回アカデミー長編ドキュメンタリー映画賞を受賞した傑作『イカロス』は、まさに取材対象と取材者の関係性の変化を記録したドキュメンタリー作品なのです。

第五章　「分かりそうで、分からない」の強烈な吸引力

「分かりやすさ」は万能ではない

わずか視聴率1％でも約一〇〇万人もの人が視聴している大衆メディアのテレビは、大前提として「分かりやすい」ことが求められます。分かりにくい内容だと視聴者は簡単にチャンネルをかえてしまうのです。ですから、あらゆる番組が日々、少しでも分かりやすくするために腐心しているといっても過言ではありません。

ところが、近ごろ「分かりやすさ」を過剰に追求した結果なのか、不思議な現象が起きているように感じています。本来、ものごとが分かるのは嬉しいことで、面白さにもつながるはずです。しかし、番組をより分かりやすくするために行われたことが、肝心の面白さにつながらない。それどころか、逆効果に感じることすらある。そういう現象を私は、「分かったところで大して面白くない現象」と呼んでいます。

それを顕著に感じる一例が、いわゆる「前ふりナレーション」です。

例えば、誰かのインタビューが映る前に、

「○○さんは、××について悩みを抱えていました」

といったナレーションが入り、その後、○○さんが悩みを吐露するシーンが続いたりします。先に語りで取材相手が話す内容を説明しておくことで、視聴者も聞く準備ができ、丁寧で分かりやすいとされている手法です。

しかし、ナレーションと取材相手が話す内容は、ほぼ重複していることが多いのです。よく海外のドキュメンタリー制作者から「日本の番組は重複が多い」と指摘されますが、言葉やシーンの繰り返しだけでなく、私はこうした前ふりナレーションとインタビューの重複を指している場合が多いのではないかと思っています。

本来、前ふりナレーションはインタビューを引き立てる役割のはずですが、ただ答えを先に言ってしまうのでは「前ふり」というより「先食いナレーション」と呼ぶ方が相応しいでしょう。

こうしたテレビ番組の分かりやすさを巡る迷走ぶりは、随所に見られます。

ナレーションでいえば、私が勝手に「手前味噌ナレーション」と名づけているものも、

「分かったところで大して面白くない現象」の一つだと思います。最近のドキュメンタリー番組で、たまにこんな語りを耳にすることはないでしょうか。

「今回初めて明らかになりました」

「今回初めて語ってくれました」

「今回初めて……」

確かに、その番組で「今回初めて○○した」というのは、そのシーンや証言の価値を高めるナレーションと言えるでしょう。これも、「説明しなければ視聴者には伝わらない、分からない」という理由で読まれるものです。「貴重」であることは「価値」につながります。また、貴重であることは他とは異なるので〝差異〟となり、面白いと思ってもらいやすい。だから、その価値をわかりやすく伝えたいという気持ちも分かるのですが、最近、気になるのはその異常な頻度です。

先日、一時間弱の番組の中で四、五回、「今回初めて」というナレーションが、いかにも勿体ぶって読まれるのを目にしました。さすがに「一体、何度、同じ言葉を繰り返すんだ……」と呆れてしまいました。それだけ繰り返すと、もはや「今回初めて」の価値は暴落し、視聴者も有り難みを感じなくなるでしょう。それどころか、むしろ耳障りで不快感すらおぼえるに違いありません。

普通の会話に置き換えると、相手が何度も同じ話を繰り返し、しかもその内容が「俺が初めて〇〇したんだぜ」という自慢話だとしたら、聞いている方は心底うんざりするでしょう。

しかし、こうした手前味噌ナレーションを執拗に繰り返す番組は珍しくありません。なぜ、こんなことが起きているのでしょうか。

その原因の一つとして考えられるのが、〝なんでも後付けにする〟制作スタイル。狙いが曖昧なままロケに行き、構成やナレーションをほぼ全て後から考えるやり方です。そうした制作過程の中で、普通に聞いてもあまり印象に残らないインタビューやシーンの価値をナレーションによって強引に高めようとした結果、付け焼き刃的に「今回初めて」が乱用される結果となったのではないでしょうか。

あるいは、制作者の妙な決めつけも背景にあるのかもしれません。

「どうせ今の視聴者は真剣にテレビを見ておらず、ながら見をしているんだから……」と、多少しつこく繰り返しても問題ないと思っている節があるようにも思います。作り手がそうした姿勢で番組を送り出すと、より一層、視聴者はいい加減にしかテレビを見なくなるでしょう。

番組が放送に出る前には、必ずプレビュー（NHKでは試写と呼びます）が行われます。そこでより面白くするための議論が行われますが、話題になるのは大概、「分からない」「分かりにくい」という部分についてです。

しかし、私自身は、単純に「分からない＝面白くない」とは言い切れないのではないかと考えるようになりました。例えば、次章で詳しく触れる物語の基本「三幕構成」の構造から言っても、むしろ〝問い〟や〝大いなる謎〟という「分からない要素」が適切に配置されていることが視聴者の興味や関心を呼び、物語に引き込んでいく面があるからです。

となると、実はコンテンツを面白くするには、むしろ「分からない要素」も重要なのではないかと思えてくるのです。

「分かりそうで、分からない」の威力

二〇一七年の暮れから二〇一八年にかけて、日本のテレビで最も長い時間を割いて報じられたのは、北朝鮮問題でも国内政治の問題でもなく、元横綱・日馬富士の暴行問題

をきっかけに噴出した大相撲と相撲協会、貴乃花親方（当時）に関する話題でした。何ヶ月もこのニュースが取り上げられるという異常事態が続いたのです。

大相撲を巡る一連の報道の是非や好悪は別として、この件がこれほど長く取り上げられた理由は一体、何なのでしょうか。

表面的な理由は単純です。相撲の話題は、視聴率が取れたからです。同時間帯に複数局のワイドショーで同じ内容を報じていることも多々ありました。それらの番組の視聴率を合計すると、とてつもない数の視聴者が毎日、大相撲問題に釘付けになっていたことになります。ただ、こうした報道に嫌気がさしていた人も多かったと思います。

「もっと他に重要な事件があるのに……」

「相撲の話題は、大して新しい情報がない」

などと批判する声もありました。しかし、視聴率という総体を民意と捉えれば、国民の関心事であったことも否定できないと思います。

では、なぜ、特に目新しい情報があるわけでもないのに、多くの人が大相撲報道から目が離せなかったのでしょうか。冷静に見れば、実に不可解な現象です。その理由は、端的に言えば、こういうことではないかと思います。

「分かりそうで、分からない」

おそらく誰もがこうしたモヤモヤ感を抱えながら、一連の大相撲報道を見続けていたように思います。いくらパネル解説や専門家の話を聞いても、次々と疑問が湧いてくるのです。それほど、角界の常識や組織のあり方を理解することは困難でした。さらに、貴乃花親方（当時）の不可解なダンマリが謎を深め、その処分を巡る議論や判断が一層、波紋を広げる形になりました。

当時の一連の大相撲報道の特徴は、謎や疑問が一向に解消されない点にあります。それ故、何ヶ月もこの話題への興味が持続することとなりました。

そもそも一〇〇万人単位という視聴者へ情報を届けるテレビというメディアは、基本的に「分かりやすいこと」が求められます。大衆メディアにおいて、ただ単に「分からない」ものは「面白くない」と見なされ、チャンネルを変えられてしまうでしょう。ですから、一見「分かりそう」な対象は、テレビと非常に相性がいいのです。老若男女あらゆる世代に親しまれてきた大相撲、そして登場人物の貴乃花親方は〝平成の大横綱〟と呼ばれた誰もが知る存在です。これら「分かりそう」な要素が、「いつまで経っても分からない」という角界の闇と組み合わさり、あそこまで尾を引いたのではないかと思います。

大相撲報道と『モナ・リザ』の共通点

この「分かりそうで、分からない」という二律背反が持つ強力な求心力は、意外と見過ごされているように思います。

例えば、「世界で最も有名な絵画」といわれるレオナルド・ダ・ヴィンチ作『モナ・リザ』。なぜ、私たちは『モナ・リザ』に惹かれるのでしょうか。

この絵は何が描かれているのか、素人に理解できないような難解な抽象画ではありません。繊細に一人の女性の姿を描いた具象絵画です。にもかかわらず、謎めいていて、いくら見ても「分からない絵」なのです。まさしく「分かりそうで、分からない」が故に興味が持続し、世界中の人々を魅了し続けています。

卑近な例を挙げると、付き合い始めた頃のカップルはお互いのことをよく知らないので、より相手のことを知ろうと強烈に惹かれ合います。よく知る相手よりも、よせばいいのにミステリアスな異性に恋をしてしまう、ということもあります。

このように、人間には「知らないこと、分からないこと」を「より深く知りたい、理解したい」という衝動や根源的な欲求が存在します。

では、「分かりそうで、分からない」という興味は、いつ消えるのでしょうか。いつまで経っても分からなければ、もはやそれは「分かりそう」ではなく、ただ単に「分からない」ものなので興味が失せます。

また、「分かった途端に興味がなくなる」ということもよくあります。企業の不祥事や芸能人のスキャンダルが発生して炎上した場合、すばやく〝火消し〟するには、すぐに記者会見を開き、正直に事実を語り、あらゆる質問に丁寧に答えることだと言われています。「分からない」ことがなくなれば、世間の関心も呼びようがなく、騒動も自然と鎮静化していくのです。

ところが、当時の大相撲報道では、相撲協会側がいくら会見を開いても、世間はますます疑問を深め、納得する気配がありませんでした。一方の当事者の貴乃花親方は黙して語らず、結果として人々の想像を喚起することに一役買う形となっていました。

一連の大相撲報道は、その是非はともかく、より多くの人に見られる要素を豊富に備えた〝コンテンツの横綱〟のような様相を呈していたのです。

何を語り、何を語らないでおくか。これは、人々の興味を引く上で欠かせない視点と言えます。「面白いこと」も伝え方ひとつで「面白くなくなる」。ただひたすらに「分かりやすく」する方向だけに突き進むと、気づけば自ら墓穴を掘っている可能性があるからです。

第六章　「構成」で面白さは一変する

「ディレクター」とは「構成」する仕事である

番組の最後に流れる「スタッフロール」。かつてＮＨＫでは、ディレクターの肩書きはなぜか「構成」と表記されていたのをご存じでしょうか。

現在は、「ディレクター　○○○○（名前）」と普通に出ていますが、かつては「構成　○○○○（名前）」と表示されていたのです。私がこの業界に入った頃には、すでに「ディレクター」という表記に変わっていたように思います。

確かに、ディレクターが「構成」という肩書きでは紛らわしいでしょう。「演出」という表記ならまだしも、「構成」という肩書きがディレクターのことを指しているなんて、一般の視聴者はピンと来ないと思います。業界人が見ても、「構成作家のことを指しているのか？」と勘違いしかねません。

しかし、私は最近、かつての「構成」という表記は、まさにディレクターという仕事の根本を捉えた、とてもいい肩書きだったと見直しています。なぜなら、「ディレクターとは何をする仕事か?」を突き詰めて考えていくと、

「ディレクターとは〝構成〟する仕事である」

という結論に至るからです。

そもそも「構成」とは何なのでしょうか?

構成は、「物語を語ること」(ストーリーテリング)とも言い換えられます。ある出来事を、相手の興味を引きつけながら魅力的に語ることです。

では、どうすれば魅力的に語れるのでしょうか?

重要なのは、構成要素の「選択」と「並べ替え」です。言い換えると、

「何を、どういう順番で語るか」

がストーリーテリングの基本であり、それこそが構成なのです。

「なんだ。選んで、順番を変えるだけのことか……」と思われるかもしれませんが、これが実に奥が深いのです。

ダラダラ説明されると退屈な話も、はじめに「つかみ」があって興味を引かれると、

時間を忘れて話に引き込まれる。お笑いには「フリ」があって「オチ」がある。ミステリーには最初に「謎」があって、最後にあっと驚く「謎解き」が待っている。

つまり、「始まり」と「終わり」の間をどんな流れで構成するかによって、物事の伝わり方はガラッと変わるのです。また、構成の良し悪しは、作品のリズムやテンポにも影響します。いかに最適な構成を見出すかを巡って、世界中のクリエイターは日夜、腐心しているのです。

「何をどういう順番で配置するか」が根幹

「構成」がこんなにも重要な要素であると認識していなかったかもしれませんが、コンテンツの面白さを決める最も基本的で、根本的な要素であることは間違いありません。もっと言えば、ジャンルの違いや予算の大小にかかわらず、次のように断言できます。

「あらゆるコンテンツは〝構成〟から逃れられない」

というのも、ほぼ全てのコンテンツは「時間」という概念に縛られるからです。

時間は過去から現在、未来へと一方向に流れ、不可逆なものです。そうした一方通行の時間という流れの中で、「始まり」と「終わり」があるコンテンツには、自動的に

「構成」という要素が関わってきます。一方向に流れる時間の中で「どんな要素を、どういう順番で配置するか」というのは、作品が成立する上で不可欠な要素で、最も根幹をなすものなのです。

これは、決してフィクションや演芸などの世界に限った話ではありません。『マン・オン・ワイヤー』（二〇〇八年／英国）で第八一回アカデミー長編ドキュメンタリー映画賞を受賞したジェームズ・マーシュ監督は、インタビューで次のように語っています。

「ドキュメンタリーを作る時は、構成のことしか考えていないというほど構成に執着します。（中略）いろいろな要素が、ちゃんと他の要素とつながって展開していくか。話にはちゃんと因果関係があるか。登場人物の行動にもちゃんと理由とその帰結があるか」

（『ドキュメンタリー・ストーリーテリング「クリエイティブ・ノンフィクション」の作り方』）

ドキュメンタリー作品においても、決して事実は歪曲せず、伝えたいことが最も効果的に伝わるよう構成要素を吟味・整理して、見る人の心を揺さぶる物語になるよう適切に配置しているのです。

ですから、ＮＨＫでかつてディレクターをあえて「構成」と表記していたのには、深い意味があったのです。一つの番組が作られる時に最も長く、深く関わる制作者は、間違いなくディレクターです。その業務内容は企画や演出など多岐にわたりますが、その中でも最も根本的な業務は構成です。担当ディレクターが、膨大な取材成果や撮影素材の中から選択し、それらを適切な順番に並べ替えることで一つの作品が完成する。そうした構成作業を経て、その作品にディレクターの個性や魂も宿るのです。

しかし、今では多くの番組が複数のディレクターやプロデューサーによる分業制で作られています。コーナーやＶＴＲごとに担当が細かく分かれ、一つの番組が誰による構成なのか、よく分からない場合がほとんどです。ディレクターが構成した内容を、プロデューサーが編集の最終段階で手直しすることも日常茶飯事です。

皆で話し合って知恵を出し合い、一つの構成を作り上げるのは民主的なプロセスですが、そうして出来あがった番組は一体、誰が創った作品なのか、よく分からないものになります。その結果、尖った個性が際立つ番組は減り、どれも似たり寄ったりという状況が生まれています。

時代が変わっても、コンテンツにとって構成が重要であることに変わりはありませんが、分業制という制作状況の変化によって、今の時代にディレクターの肩書きを「構成」と表記するのは難しいのかもしれません。

アナログ的手法「ペタペタ」の絶大な威力

プレゼンテーションなど、「人に何かを伝えること」に苦手意識を持つ人は少なくないと思います。一方で、自らプレゼンする有名企業のCEOなどは、人々の興味を引きつけ、観客の心を揺さぶる発表を行ったりします。

世の中にはなぜ、同じ内容でもつまらなく話す人と、時間を忘れるほど面白く語る人がいるのでしょうか。その違いは何なのでしょうか。単に「話術の違い」と片付けてしまいがちですが、話しぶりの軽妙さだけでなく、そこには「どんな情報(要素)を、どういう順番で示すか」という構成力(ストーリーテリング)の違いが関係していると思います。

そこで、構成を練る上で是非お薦めしたいのが、映像業界ではよく知られた「ペタペタ」という方法です。ペタペタとは、編集中などに付箋に項目や撮影したシーンを大雑

壁に付箋を貼り出して、構成を考えるのが〝ペタペタ〟

把に書き出し、壁に貼り出して「どんな要素を、どういう順番で並べるか」をシミュレーションする手法のこと。文字通り、壁などにペタペタと貼りながら、付箋の順番を並べ替えて構成を考えるのです。

構成を考える上でペタペタを行うメリットは計り知れません。まず、番組や発表の全体像を〝俯瞰〟で捉えられるようになります。手元にどんな要素（情報）があり、そのどれとどれに因果関係があるか、一目瞭然になるのです。ペタペタは、あるエピソードや出来事、人間関係の相関図でもあります。

「どこで話の伏線を回収するか」「話のオチや着地点をどこへ持って行くか」ということも考えやすくなります。構成の冒頭には、人々の関心をかき立てる問題提起や謎といった〝つかみ〟を配置します。それによって淡々とした流れに劇性（ドラマ性）を加え、観客を体験に巻き込むよう設計していきます。

また、重複する箇所を整理し、シーンを省略することでリズムやテンポも上がります。そして、各要素の順番を入れ替えるだけで、各要素やシーンの意味合いが変わり、ある出来事がガラッと違った印象で見えることに気がつくようになります。こうした思考の柔軟性が得られる点が、ペタペタの最大のメリットです。

ペタペタの絶大な効果を知らない人は、

「デジタルの時代に、なんてアナログな……」

と笑うかもしれません。現にテレビ業界でも、最近はペタペタをしない若手制作者が多いと聞きます。「PC上で自在に撮影素材を編集できる時代に、わざわざ手書きの付箋を並べ替えることに意味があるのか？」と思うのかもしれません。

しかし、すっかりワークフローがデジタル化した現在でも、私はこのペタペタという方法を重宝し、最大限に活用しています。自ら各要素を要約して書き出し、並べ替えて整理し、引いて全体を眺め、また並べ替えて……という試行錯誤を繰り返す中で、PC上での編集では得られない気づきや発見が得られるからです。

番組作りの基本はまさに、取材で得た複雑な情報を整理し、無数の選択肢の中から適切な順番を見出し、並べ替えること（＝「構成」すること）なのです。

実際、「出来が悪い番組」というのは、端的にいえば「構成がつまらない、うまくいっていない」場合がほとんどです。「〝つかみ〟が弱い」「展開が予定調和で、回りくどい」「物事の因果関係もはっきりせず、話がボンヤリして読後感も良くない」等々の問題を抱えていることが多いのです。

放送前に番組関係者がＶＴＲをプレビューする時、主に話題になるのは「どの要素（情報）を、どういう順番で並べるべきか」という構成の問題です。すでにロケを終えた編集段階で修正できる要素は、構成かナレーションぐらいしかありませんが、構成を工夫することで内容は見違えるように面白くなるのです。

「ペタペタ」でプレゼンも魅力的になる

こうしたことは番組制作に限らず、プレゼンテーションなどにも当てはまります。退屈なプレゼンや時間が長く感じるスピーチは大抵、「冒頭から興味が湧かない」「何が言いたいのかわからない」「オチがない」などと感じる時です。そうならないように話の要点を整理し、話す順番を工夫して並べ替える必要があります。

まずは、自分が何を伝えたいのか、モヤモヤと考えていることやバラバラの各要素をとりあえず付箋に書き出してみる。

そして、それらをペタペタと壁に貼り、並べ替えながら、思考を整理していく。

まさにその過程が物語を紡ぐ行為（＝ストーリーテリング）であり、それによって観客を魅了するスピーチや発表が生まれるのです。

ちなみに、テレビ業界では編集段階に行うことが多いペタペタですが、私の場合は、編集中はもちろん、ロケ前の取材期間から行っています。取材で得た膨大な情報を整理し、予想される番組像や仮説を作り上げる際にも有効だからです。

さらには、二〇〇〜三〇〇ページに及ぶ本を一冊書き上げる際も、執筆前にまずは全体の構成を考えるため、ペタペタを行っています。どういう流れで読者を誘うか、章立てを考えるのに有効な手段だからです。ペタペタは、「青図を描く」（完成予想図を作る）という点においても、非常に優れた方法だと思います。

しかし、ペタペタを行うには一つ問題があります。

付箋を貼るスペース、つまり〝大きな壁〟が必要なのです。職場のデスクには、個人的に使える十分な壁はありません。当初は小さなボードに貼ったりもしていましたが、それでは思考自体も狭まってしまう気がします。そんなイライラを数年抱えていた私は、ついに自宅の部屋の壁紙を方眼紙模様に張り替え、ペタペタがしやすい壁に変えてしまいました。妻が呆れたのは言うまでもありません……。

と、ペタペタを行う大きな壁の確保に困っていた私ですが、最近はネット上でペタペタを行えるサービス「Ｍｉｒｏ」なども活用するようになりました。アナログに近い感覚で使えるのが利点です。

事前に構成を練るのは〝悪〟なのか？

映像コンテンツの中で、ドキュメンタリーほど先入観が根強いジャンルは他にないのかもしれません。第四章では、「ドキュメンタリーはありのままの現実を映している」という〝幻想〟や「密着すれば人間が描ける」という〝信仰〟について述べましたが、それらと同様に私が違和感をおぼえているのが、「事前に構成台本を書くこと」への〝拒否反応〟です。

「ドキュメンタリーは事前に構成を練ると、台本通りになり、予定調和に陥る」

このように捉えている業界人は少なくありません。撮影前にシーンの順番を記した詳細な構成台本を作ると、そこに書かれている通りに撮影しようとする〝ハメ絵〟状態に陥り、作り手が目の前で起こる現実としっかり向き合わなくなる。そういった意見は根強く存在します。はっきりと、

「事前に構成台本を書くことは、百害あって一利なし」

とまで語る著名なドキュメンタリストもいます。また、「欧米のドキュメンタリーは、事前に台本がある」と揶揄する声もよく耳にします。彼らの作り方は日本と違い、台本通りに撮影するスタイルだと言うのです。

しかし、そうした見立ては本当に正しいのでしょうか。

確かに、欧米では事前に構成台本を書く手法は珍しくありません。むしろ、最近のストーリーテリングを重視するドキュメンタリストたちは、積極的に事前構成を作成しています。

ジェームズ・マーシュ監督は、撮影前に六〇ページに及ぶ構成台本を記し、『マン・オン・ワイヤー』でアカデミー長編ドキュメンタリー映画賞を受賞しました。彼は、次のように述べています。

「ドキュメンタリーの物語は（制作中に）発見されるべきだと思っている人もいるようですが、そのような人から見ると発見する前に書いてみるというのは手順が逆だということになるのでしょうね。（中略）もちろん、作品を作りながら発見されるものに対しても目を見開いておかなければいけません。最初に組んだ作品の構成を変えてしまうような発見も含めてです」

（『ドキュメンタリー・ストーリーテリング「クリエイティブ・ノンフィクション」の作り方』）

構成は当然、制作過程の思わぬ発見などによって変化していくものです。事前に狙いを定めておくことで、その狙いと違った場合に作り手が〝差異〟を感じ、想像していたのと違って「面白い」と気づくきっかけにもなります。

先ほど引用した本の中で、ドキュメンタリー業界で知らぬ者はいない英国ＢＢＣの大物プロデューサー、ニック・フレイザーも事前に構成を書くことについてライターと興味深いやり取りをしているのでご紹介します。

――初心者の中には、ドキュメンタリーは即興的で自然発生的なので、計画は立てようがないと信じている人がまだいますよね。物語は編集中に「発見」されるのだと信じている人が。（中略）「編集のはるか以前に、自分が望むものを理解していないとね。なぜその物語を語りたいか、そしてどう語りたいか知っていないと」　（同右）

事前に構成台本を書くのは、取材で得た情報を整理し、観客を惹きつける「物語」となるように仮説を立て、狙いを定め、戦略を整えるため。つまり、事前構成はあくまで〝準備〟や〝想定〟のためなのです。第四章で「演出とは〝状況設定〟である」と述べましたが、そのためにはまず構成台本を書いて、しっかりと狙いを定める必要があるのです。

逆に、事前準備もそこそこに撮影に入り、構成は全て〝後回し〟にするスタイルで臨むとどうなるでしょうか。撮影素材は膨大になり、ロスも多く、撮影・編集期間は長期化し、制作スタイルの固定化まで招くことになります。

例えば、一チェーン（ディレクター、カメラマン、音声マンなどの撮影一班）を出すと、最低でも一日あたり十数万円以上の費用がかかります。狙いもなく、長期間にわたってそうした撮影体制を維持するのはほぼ不可能です。すると、撮影はディレクターが自ら行うスタイルになります。その映像は良く言えば生々しくてリアリティーがありますが、プロのカメラマンによるものではないので〝安い〟映像になる場合が多くあります。一般の視聴者の方でも、なんとなくその違いは分かるでしょう。

また、数ヶ月に及ぶ編集期間を編集マンと共に作業するのは、人件費の面から言っても現実的ではありません。

結局、ディレクターが撮影から編集まで全てほぼ一人で行うセルフ・ドキュメンタリーのような形しか選択肢はなくなるのです。

確かに、ディレクターが一人でコツコツと数年にわたって撮影・編集した名作ドキュメンタリーもありますが、その間、別な仕事で収入を得なければ生計は成り立ちません。これは、とても万人がお手本にできるような制作スタイルとは言い難いでしょう。プロとしての生業というより、ライフワークのような取り組みに思えてしまいます。

様々な条件を考えれば、ドキュメンタリーでも撮影前に構成を練ることは、きわめて現実的で有効な方法論であることは明らかです。

では、なぜ、こうした堅実な手法が否定的に語られるようになったのでしょうか。

現実が台本通りになることはない

そもそも「事前に構成を練ると、台本通りになる」という発想が私には理解できません。なぜなら、現実というのはきわめて複雑怪奇で、事前に構成台本を書いてもその通りになることなどあり得ないからです。

毎回、現場では想定外の事態に遭遇し、その都度、軌道修正や構成の練り直しに迫られます。ですから、もともと、「台本通りの内容が撮れる」という考え自体がナンセンスだと思います。

では、どうしてそんな発想が生まれたのか。その理由として思い当たるのは、「構成至上主義」の存在です。これは、デスクやプロデューサーといった管理職が、現場取材を経てディレクターが編集した内容を見て、

「なぜ、構成台本の通りに撮れていないんだ?」

と指摘し、ロケ素材を都合よく解釈しながら事前構成に寄せるような編集を強要することなどを指します。こうした構成至上主義への反発や忌避感から、

「事前に構成なんて練らなくていい。台本通りになり、予定調和の温床になる」という極端な全否定や事前構成を軽視する風潮が生まれたのだとしたら、それはそれで不幸なことだと思います。なぜなら、経験の浅い若手制作者が、事前の準備や想定を疎かにして良い撮影ができる可能性はきわめて低く、かえって編集段階でデスクやプロデューサーが介入しなければならない事態を招いてしまうからです。事前の構成台本の情報しか持たない彼らは、それをもとになんとか構成しようとするでしょう。こんな悪循環から、むしろ構成至上主義が強化されているようにも思います。

事前の準備や想定の大切さは、若手かベテランかといった経験の有無とも関係がありません。一流の料理人ほど念入りに下ごしらえをして、季節や旬の食材とその日訪れる客層や人数を想定して仕事に臨むものでしょう。

ドキュメンタリー制作の現場においても、しっかりと「現実が台本通りになることはない」という前提に立ちながら、それでも準備や想定としての事前構成の大切さが改めて見直されるべきなのです。

名作に共通する物語の基本構造「三幕構成」

古今東西を問わず、多くの名作コンテンツには、ある共通する構造が存在するのをご存じでしょうか。

いわゆる「三幕構成」と呼ばれるもので、その名の通り、一つの作品が大まかに「一幕／二幕／三幕」と三つのパートに分かれる構造のことです。

一幕は、「問題提起」のパート。「〇〇とは××なのか？」といった問いや大いなる謎、主人公の行動の目的などが提示され、それによって観客は自然と物語に引き込まれていきます。

二幕で描かれるのは、「問題の複雑化」。一幕で設定された問題に、様々な角度から揺さぶりがかけられます。問いや謎は一筋縄ではいかない様相を呈し、主人公の前に立ち塞がる障害や対立、葛藤などが描かれていくのです。

そして迎える三幕は、「問題の決着」です。一幕で設定された問いや謎、主人公の目的に対する答えや一つの着地点が提示されます。

映画やドラマはもちろん、小説やマンガ、ゲームなどあらゆるジャンルの名作コンテンツは、こうした「始め／中／終わり」という三幕構造で出来ていると言っても過言ではありません。こうした物語の構造について最初に言及したのは、一説によると古代ギリシアの哲学者アリストテレスではないかとも言われています。

さらに興味深いのは、三つの幕の作品全体に占める割合がほぼ「1：2：1」となる点です。一幕＝25％、二幕＝50％、三幕＝25％の割合になるのです。例えば、二時間の映画の場合、一幕は最初の三〇分間、二幕が中盤の一時間、そして三幕が最後の三〇分間に該当します。

この「1：2：1」という比率は、作品の長さが違っても基本的には変わりません。全体が三〇分間だろうと一時間の作品であろうと、不思議と比率は「1：2：1」になるのです。なぜ、その割合に収斂するのかはよく分からないのですが、不朽の名作と呼ばれるような作品を分析してみると、ほぼこの比率と合致します。

よく三幕構成は良い脚本を書くためのテクニックとして論じられたり、その一方で、凝り固まった伝統的スタイルのように見られたりすることもあります。

しかし、私はむしろ、

「三幕構成は〝現象〟である」

と捉えています。いわば「黄金比」や「万有引力」のように、理由は分からないものの確かに世の中に存在する法則や自然の摂理のようなものと理解しています。

もちろん、名作の作り手が全員、三幕構成を意識しながら作品を創ったわけではないでしょう。しかし、事実として、時代を超えて語り継がれる名作は、概ね三幕構成という構造上の特徴を有しているのです。三幕構成が多くの観客にとって心地よく、心が揺さぶられる最もオーソドックスな形式であることは間違いないと思います。

今回、初めて三幕構成について知った人は、

「多種多様な優れた作品が、本当に共通した構造を持つものなのか?」

と疑っているかもしれません。そんな人にこそ、試しに自分のお気に入りの作品を経過時間や内容、各要素の配分などをメモしながら見直してみることをお勧めします。三幕構成の構造にほぼ当てはまることに驚かされるはずです。

これまで数多くの制作者によって検証され、確立されてきた三幕構成の概念は、映画やドラマなどフィクションに限った話ではありません。事実をもとに構成されるドキュメンタリーにも応用されています。特に、二〇〇〇年代以降の欧米のドキュメンタリー作家はストーリーテリングを重視し、三幕構成を念頭に置いた制作を行っているのです。

「問題提起」の設定が最も重要

本書で何度も引用してきた昨今の欧米ドキュメンタリーの制作術をまとめた書籍の中で、よくある三幕構成に関する誤解と重要なポイントが言及されています。

「映像作品を適当に三分割して、それぞれを一幕、二幕、三幕と呼ぶのが三幕構成ではありません。一つの幕が次の幕に向かって物語を引っ張っていくから、三幕構成と呼べるのです」

（『ドキュメンタリー・ストーリーテリング　「クリエイティブ・ノンフィクション」の作り方』）

三つのパートに分かれていることが重要なのではなく、幕から幕へストーリーを押し進める〝原動力〟こそが最も重要だと指摘しています。

では、その物語を押し進めるものとは一体、何なのでしょうか。

三幕構成は前述の通り、「問題提起」「問題の複雑化」「問題の決着」という三つのパートに分かれています。その全体構造を見れば明らかなように、物語の起点となり、その後のストーリーを牽引するのは一幕で描かれる「問題提起」です。つまり、〝問い〟

こそが観客を物語というトロッコに乗せ、作品の中へと引き込む役割を担うのです。
ちなみに、作品全体を貫くこうした〝物語の芯〟(問い・謎)のことを、米国の映像業界では「トレイン」と呼んでいるそうです。

問いとは、取材を通して作り手が素直に感じた、最も根本的な疑問や謎でもあります。『ブレイブ 勇敢なる者』「えん罪弁護士」では、主人公の今村核弁護士に対する、「なぜ、えん罪弁護を続けるのか?」というシンプルな問いが、まさに取材や物語を進める原動力となりました。

その問いが立ち上がる一幕(問題提起)を起点に、二幕(問題の複雑化)では、誰もが想像する「無実の罪を負わされた人を救うため」という理由だけでは続けられない現実が示されます。経済的に成り立たないことなど、日本の刑事司法が抱える不条理が描かれていくのです。さらには、父親との関係でも葛藤を抱えながら生きてきたことが明かされていきます。

そして、三幕(問題の決着)では対立していた父親が大手企業を退職後に息子の後を追って弁護士になった事実を示し、最後にえん罪弁護を続ける理由について今村弁護士が「私が生きている理由そのものです」と語る構成としました。

改めて振り返ると、確かに表面的な問題提起は「なぜ、えん罪弁護を続けるのか？」ですが、実はもっと深遠な問い、

「人はどう生きるべきか？」

というテーマが作品全体を貫くトレイン（物語の芯）だったように思います。このように、三幕構成における問題提起は〝普遍的な問い〟になることが多いのも特徴です。

また、これらの構成は事前取材の段階から撮影、編集作業を通じて一貫して三幕構成を意識しながら修正を加えつつ、練り上げていった内容です。先に述べたように、ドキュメンタリーにおいても事実は歪めずに、「どんな要素をどういった順番で配置するか」が構成（ストーリーテリング）であり、それによって物事の伝わり方も一変するのです。

だからこそ、作り手は物語の基本構造である「三幕構成」について学ぶ必要があると思います。その構造からも明らかなように、幕から幕へストーリーを押し進める最も重要な〝問い〟が何であるかを見定めることが、良いコンテンツを生む第一歩となるからです。

コンテンツの本質は「人間とは何か?」の探求

構成の基本「三幕構成」から「問題提起（問い）」の重要性について言及しましたが、テレビ番組、映画、小説などジャンルを問わず、あらゆる作品はある一つの〝大いなる謎〟（問題提起）について取り扱っているといっても過言ではありません。それは、

「人間とは何か?」

という問いです。「そんな大袈裟な……」と思われるかもしれませんが、どんなコンテンツも結局は、この根源的なテーマを大なり小なり内包しているのです。それだけでなく、あらゆるビジネスも突き詰めればこのテーマと関係していると言えるでしょう。

例えば、なぜ人は毎日、ニュースを見るのでしょうか。表面的には「世の中の動きを知るため」ですが、その世の中を動かしているのは紛れもなく「人間」です。政治、環境問題、殺人事件、芸能ゴシップなど、ありとあらゆる出来事に関わっているのは、人間以外の何者でもありません。そうしたニュースを見ながら、「（自分と同じ人間なのに）どうしてこんなことを?」と感じ、人間というものがますます分からなくなる。だから、一向に関心が尽きないのです。

ビジネスやトレンドに関する話題でも、経営や組織、市場には常に「人間」という存

在が関わっています。もし、人間のことがよく分かっていたら、ビジネスも成功し、より多くモノを買わせてヒットを飛ばすことも可能なはずです。でも、当然ながら実際にはそう簡単にはいきません。それほど人間に関する謎は深く、一筋縄ではいかない問題なのです。

もし仮に「人間のことはすべて分かっている」という人がいれば（いるとすれば「神」くらいでしょうが）、「人間とは何か？」という問いも浮かび上がってこないでしょうし、これほど持続的な興味も湧かないでしょう。「分かりそうで、分からない」という強烈な吸引力を備えた万人に共通するテーマが、まさしく「人間とは何か？」という問題提起なのです。

テレビドラマや映画といったフィクションも、様々な観点から「人間とは何か？」というテーマを常に扱っています。「こういう時、人はどう感じ、どう行動するのか？」という問いや、「人は本来、こうあるべきだ」という理想を、作品の中に描いているのです。

このように捉えると、つまるところ、世にあふれるコンテンツとは「人間とは何か？」という根本的な問いに対して、クリエイターが様々なモノの見方や解釈を提示し、手を変え品を変えて世に送り出した変奏曲のようなもの、と言えるのではないでしょうか。

また、さまざまな商品やサービスも「(根本的に)人間は何を欲しているか?」という問いに答えた結果なのです。

逆に言えば、あらゆる人が手を尽くしても、依然として分かりそうで分からない問題が、最も身近な「自分自身」(=人間)のことなのです。

それ故、「人間とは何か?」という問題提起が人類にとって最大の関心事であり、だからこそ様々なコンテンツが創られ続けているのだと思います。

第七章　「クオリティー」は受け取る情報量で決まる

作品の「質」の高さは情報量が支えている

コンテンツの作り手は皆、「いい作品」を創りたいと思い、制作に励んでいます。

では、「いい作品」とはどんな作品なのでしょうか？

なかなか一言では言えませんが、この章ではあえてその問題について考えていきたいと思います。

個人的な好き嫌いを除けば、多くの人が漠然と次のように捉えているのではないでしょうか。

「いい作品とは〝クオリティー〟が高い作品である」

実際、「あのアニメは〝クオリティー〟が高い」「あそこの局は〝良質〟な番組を放送している」というように、クオリティー（質）という言葉は、映画やアニメ、テレビ番組、ゲームなどあらゆるコンテンツを語る際によく使われています。

しかし、ごく一般的に使われる言葉なのに、根本的なことが実はよく分かっていないようにも思います。それは、

「そもそも、作品の〝クオリティー〟とは何なのか?」

という問題です。例えば、「あの作品はクオリティーが高い」と言う場合、それが具体的に何を指しているのか、よく分からないことが多いのです。「凝った作り」や「きめ細かな演出」、「映像が安っぽくない」「考え抜かれたストーリー」「お金や手間をかけて作られている」といった要素を感じ取って、それらを〝クオリティー〟という一語に集約していたりします。とても便利な言葉ですが、もう少し具体的に「コンテンツの〝質〟とは何なのか?」について理解を深められないだろうか。そんなことを考えていた時、川上量生さん(KADOKAWA・DWANGO前社長)の著作『コンテンツの秘密 ぼくがジブリで考えたこと』(NHK出版新書)に興味深い内容を見つけました。

「プロデューサー見習い」としてスタジオジブリに出入りするようになった川上さんは、ある日、アニメ・プロデューサーの石井朋彦さんからこんな話を聞いたそうです。

「ジブリの作品が成功したのは情報量が多いからだとアニメ業界では分析されていて、

それでみんなジブリみたいに線の数が多いアニメをつくるようになったんですよ」

ジブリ作品は、誰もがクオリティーの高さを認めています。それには、絵の細かさ、つまり「情報量（＝線の数）」が関係している。ＩＴ業界などでは馴染みのある「情報量」という言葉がアニメ業界でも頻繁に使われていることに、川上さんは驚きました。

さらに、スタジオジブリの鈴木敏夫プロデューサーからは、こんな話を聞かされたそうです。

「ジブリの映画は情報量が多いから、いちど見ただけじゃ理解できないので、なんども映画館に来てくれるし、何回、再放送しても視聴率が下がらないんですよ」

確かに、今や日本中の人がすでに『風の谷のナウシカ』や『天空の城ラピュタ』といった過去のジブリ作品を見ているのに、再放送のたびに高視聴率を獲得する現象は謎です。視聴者はストーリーを知っているので物語自体に驚きなどの〝差異〟を感じているわけではありません。何度も見ているのに惹きつけられてしまうジブリ作品の魅力には、「情報量」が関係しているという見立ては興味深い指摘でした。

この「情報量」という概念は、デジタルの世界に当てはめるとよりイメージしやすいと思います。動画の画質を決める要素に、「ビットレート」という単位があります。「b ps（＝bits per second)」と表記され、動画が一秒間に何ビットのデータ量でできているかを示すものです。

例えば、YouTubeなどで見る映像はせいぜい2Mbpsで十分ですが、地上デジタル放送では15Mbps以上で放送されています。たとえ同じ内容の動画でも、ビットレートが低ければ画面がざらつき、高ければよりきめ細かく映る。つまり、ビットレートの値が大きければ大きいほど、映像のクオリティー（質）は高画質になるのです。

細かく緻密な線で描かれているジブリ作品は、いわば「ビットレートが高いコンテンツ」と言えるでしょう。そして、その分、データ量（情報量）も大きいと言えます。すると、次のように考えられないでしょうか。

「作品のクオリティーは〝情報量〟（ビットレート）で決まる」

ただ、ここで言う「情報量」（データ量）とは、目に見える映像に限った話ではありません。アニメーターが長年、築き上げてきた〝熟練の技〟も、その作品のデータ量に上乗せされます。さらに、ストーリーの奥深さなど、一見すると表面にはあらわれない要素も、作品全体の情報量をより大きくするでしょう。

このように、一つの作品に関わる潜在的な要素も含んだデータの総量（＝情報量）が、まさに〝クオリティー〟（質）なのではないかと思います。

以前、テレビ東京の人気番組『家、ついて行ってイイですか？』のプロデューサー・高橋弘樹さんに伺った話は、まさにクオリティーについて考える上で好例です。

ご存じのようにこの番組は、終電を逃した人に、

「タクシー代を出すので、家、ついて行ってイイですか？」

と声をかけ、自宅を見せてもらい、その人の見た目からは想像できない一面や人生の軌跡を探る内容です。取材して、実際にオンエアされる人数は、ひと月にわずか十数人ほどだそうですが、驚いたのは「ひと月に何人くらいに声をかけているか？」という放送には出ないデータです。なんと、番組全体でひと月に約四〇〇〇人に声をかけているというのです。信じられない〝打率の低さ〟と言えるでしょう。

しかし、それほどの労力をかけているからこそ、毎週「よくこんな人を取材できたなぁ」と感心するクオリティーが保たれているのです。

いいコンテンツを生み出すには準備と手間がかかり、それ相応の〝エネルギーの総量〟（情報量）が必要です。それもそのはずで、誰でも簡単に、手軽に作れてしまう作品なら、そこに特別な価値は生まれないのです。

ボケ足映像を「美しい」と感じるワケ

「作品のクオリティーは〝情報量〟（データ量）で決まる」と言うのならば、「実写のほうがアニメよりきめ細かな映像なので、クオリティーが高いということになるのか？」

と疑問に思う方もいるかもしれません。しかし、当然ながら、そう単純な話ではありません。先ほどから述べている「情報量」について、川上量生さんは著作の中で〝人間の目（視覚）の構造〟から紐解いて説明しています。人間の網膜は中心部ほど視細胞の密度が高く、中心にあるものほどハッキリと見えて、周辺部はぼやけて見える。「見たい」と思う目の前の対象にピントが合い、より細かく見ることができるため、人間の〝主観〟が捉える現実では、自分が注目しているものは実際よりも大きく見えているのだそうです。

このような人間の視覚構造が捉える〝主観的な現実〟とうまく合致するのが、宮崎駿監督の作品だといいます。宮崎監督が描く飛行機は、実際の縮尺よりも大きく描かれていることが多いのです。

しかし、その方が人間の脳が認識しやすいため、現実を客観的に描いたものより観客が受け取る（主観的）情報量は多くなる。だから、宮崎駿作品に登場する飛行機は、私たちに鮮烈な印象を与えるのだそうです。

この話を聞いて、私は最近、疑問に思っていた謎が一つ解けた気がしました。それは〝ボケ足映像〟というものに関する謎です。

近年、映像コンテンツ業界では、一眼レフカメラやデジタルシネマカメラによる被写界深度の浅い〝ボケ足の効いた映像〟が好まれるようになっています。くっきりと被写体にピントが合う一方で、背景は強くボケている映像のことです。あまり映像に詳しくない人でも、近頃、なんとなくCMのようにカッコイイ映像をよく見かけるようになったと感じているのではないでしょうか。最近では、TBSの大ヒットドラマ『逃げるは恥だが役に立つ』やドキュメンタリー番組などでもボケ足の効いた映像が頻繁に使われるようになっています。

しかし、本来、映像はよりきめ細かく隅々までくっきり映るものが高画質なはずです。その方が情報量（データ量）も多い。にもかかわらず、「なぜ、ボケ足の効いた映像を〝美しい〟と感じるのか？」が不思議だったのです。背景がボケている分、情報量も失われているのに、なぜ、その方が「ルック（見た目）がいい」と感じてしまうのか。

その理由は、先ほどの宮崎駿監督の例と同じく、私たちの目が普段見ている〝主観的な現実〟により近い見え方だからなのだと思います。目の前の対象にくっきりとピントが合い、周辺部はぼやけて見える人間の視覚構造の特徴と、ボケ足の効いた映像の見え方が合致するので、私たちはその映像を「美しい」と感じるのではないでしょうか。

こうした例から考えると、私たちはただ定量的に情報量が多いものを「美しい」「質がいい」と感じるのではなく、日頃〝主観的に捉えている現実〟により近く、〝情報を受け取りやすい〟ものを好む傾向があるように思います。

こうした人間の特性を考慮することは、ビジネスの分野にも応用できると思います。一方的に大量の情報や過剰なサービスを相手に提供しても、相手に受け取ってもらえなければ何の意味もありません。情報やサービスも、顧客がより受け取りやすい形で届けなければ「質がいい」とは感じてもらえないのです。

なぜ、CGキャラに感情移入するのか

他にもこんな例があります。最近のゲームでは、モーションキャプチャーを使って実際の人間の動きをそのまま反映してCGキャラクターを動かしていることが多いのですが、なぜか「どうも嘘臭くて、リアリティーが感じられない」と思ったことはないでしょうか。

その一方で、同じくフルCGでも、映画『トイ・ストーリー』などピクサー作品に登場する荒唐無稽のキャラクターには、特に違和感をおぼえることもなく、自然と感情移入できたりします。それは一体、なぜなのでしょうか。

ディズニーを解雇され、創立したばかりのピクサー社に参加したアニメーターのジョン・ラセターは、一九八六年、初監督作品『ルクソーJr.』を発表しました。今もピクサーのオープニングロゴに登場する、電気スタンドのキャラクターが主人公の短編CG作品です。ジョン・ラセターは、主人公の電気スタンドに跳んだり跳ねたりする動きをさせて、それがただの電気スタンドではなく、〝子ども〟のキャラクターであることを観客に認識させました。

彼がCGアニメに適用したのは、ディズニー時代に培った古典的なアニメーション技

術です。それは現実の子どもの動きそのものではなく、アニメーターの手によって創られた〝子どもっぽくデフォルメされた動き〟を表現する熟練の技でした。より〝子どもらしい〟と感じる動きの方が、現実の子どもの動きそのものよりも、観客が日頃〝主観的に捉えている現実〟に近く、情報も受け取りやすい。そのため、観客は現実には存在しない電気スタンドのキャラクターにリアリティーを感じ、心を動かされたのです。

こうした例から考えると、作品のクオリティーを決める〝情報量〟とは、ただ単に現実をそのまま反映したデータのことではないと言えると思います。より正確に言えば、「作品のクオリティーは〝観客が受け取る情報量〟で決まる」ということになるでしょう。別な言い方をすれば、「いかに観客に多くの情報量を受け取ってもらうか」がカギということになります。

ノーナレが世界で評価される理由

「良質な作品とは何か?」について、一つの例を挙げて考えてみたいと思います。

最近、NHKではナレーションのない演出をウリにしたドキュメンタリー番組がよく作られているのをご存じでしょうか。

なぜ、あえて〝ノーナレーション〟を強調するのか。

それは、これまで日本ではナレーションがある番組がほとんどだったからです。

そもそも「ドキュメンタリーはナレーションありき」という前提は、日本特有のようです。近年、海外コンクールで受賞する世界各国のドキュメンタリー番組を見ると、むしろナレーションがあるものの方が少ないのです。その一方でここ十数年間、日本のドキュメンタリー番組は海外で高い評価を受けているとは言い難い状況が続いています。

実際、「(ナレーションが多い)日本のドキュメンタリー番組は説明的だ」とよく指摘されています。映像を見れば分かるのに、映像をそのままなぞっただけの語りや、出演者の感情までまるで当事者のように読み上げるナレーションは珍しくありません。

海外コンクールの審査員や制作者から、「日本のドキュメンタリー番組は、心が揺さぶられない」といった指摘を受けることもあります。まるで隙間を埋めるようにナレーターがしゃべり続け、視聴者に理解させる(分からせる)ことに重きを置いている番組が多いからです。

では、なぜ、日本の制作者は、ナレーションでの説明を多用するのでしょうか?

その理由は、私もテレビ番組の制作現場にいるので容易に想像ができます。第五章でも触れましたが、ひとつには「ナレーションで説明したほうが丁寧で分かりやすい」と考えられていること。そして「ナレーションがないと画が持たない。チャンネルを変えられ、視聴率も取れない」と思われているからでしょう。そう考えて突き進んだ結果、気がつけば世界で日本のドキュメンタリー番組は〝ガラパゴス化〟していたのです。

ここで、ふと素朴な疑問が浮かびます。

「では、どうして他の国では〝ノーナレーション〟のドキュメンタリーが主流なのか？その方が国際的に作品のクオリティーが高いと評価されるのは、なぜなのか？」

現に他国のドキュメンタリストは、日本の制作者が「視聴者にウケない」と捉えているノーナレーションという手法をこぞって採用しています。彼らは「不親切で、間延びしたドキュメンタリーでも構わない」と割り切り、ナレーションなしにしているわけではありません。必然的にノーナレーションという表現に行き着いた、と捉えるのが妥当でしょう。

では、なぜ、彼らは〝語らない〟演出を選んだのでしょうか。

先ほど「クオリティーとは何か？」の結論として、私は次のように述べました。

「作品のクオリティーは〝観客が受け取る情報量〟で決まる」

つまり、良質な作品を創るには、「いかに観客に多くの情報を受け取ってもらうか」が重要なのです。そうした視点で捉えると、実は、

「ナレーションがない方が観客が受け取る情報量は多い」

ということになり得るのです。そう言うと、首を傾げる人がいるかもしれません。普通はナレーションで説明した方が、番組の情報量が増すと思われがちだからです。

しかし、元々一つの映像やシーンには、様々な情報が無数にちりばめられています。例えば、出演者の表情や息づかい、暮らしぶりや他の人との関係性、別なシーンとの関連など、挙げれば切りがないほど情報であふれているのです。

そこへナレーションが加えられると、その映像やシーンの意味合いが限定され、明確になり、確かに観客にとっては見やすくなります。

ところが、同時に観客が受け取る情報は、「ナレーションで読まれた文章（に付随する映像）」に限定されてしまう恐れがあるのです。ナレーションという手法は、下手なやり方だとかえって（観客が受け取る）情報量を減らし、作品の質の低下を招いてしまうのです。

例えば、テレビドラマや劇映画では、いわゆる〝説明的な台詞〟は観客を萎えさせるものとしてよく槍玉にあげられます。もし、全編にわたってナレーションが読まれるようなドラマや映画があったら、あまりに説明的で感情移入できず、観客はまったく楽しめないでしょう。

そもそも私たちは、ナレーションのような説明がなくても、ごく普通に他人の心理を読み、その場の状況を理解しながら暮らしています。日常的に〝ナレーションのない世界〟で無数の情報を受け取り、考えを巡らしながら生きているのです。

そうした人間の営みから見ても、説明的なナレーションを省いた作品の方が好まれ、世界的な評価も高い状況は当然だと言えるでしょう。

作り手が勝手に情報を限定しない

私が企画・制作する『ブレイブ 勇敢なる者』シリーズは、通常の日本の番組よりもはるかにナレーションの量が少ないスタイルを採っています。

その反面、インタビューなどで取材相手が語るシーンを重視しています。ナレーションで語るより、関係者が自ら語る言葉の方がリアリティーや説得力があり、喜怒哀楽といった感情も伴うからです。つまり、「情報量が多い」のです。

語られる言葉だけでなく、皺の入った表情やその人物を物語る背景など、音声以外の情報も重要な要素だと捉えています。ナレーションの有無というよりむしろ、「撮影現場で記録した映像と音声を大事に扱いたい」と考え、結果的にこうした演出スタイルとなりました。

ちなみに、私自身はナレーションという手法を全く否定的に捉えてはいません。重要なのは、その手法の使い方だと考えています。

テレビ業界に足を踏み入れた頃、先輩方からナレーションの心得を教えられました。

「映像を見て分かることは、ナレーションで読むな！」

「被写体の気持ちを、勝手にナレーションで読むな！」

それは、〝観客が受け取る情報量〟という観点からみても至極真っ当な演出論でした。作り手がナレーションによって身勝手に情報を限定してはいけないのです。

一方で、ナレーションで読まれるべき内容は、映像では伝わらない情報や事実のみで十分だと教わりました。それによって巧みに映像とナレーションが絡み合い、視聴者は自然と感情移入するのです。

同様のことが、意外にも海外ドキュメンタリーの方法論を記した書籍の中にも書かれていました。今、最も注目されるドキュメンタリー監督の一人、アレックス・ギブニーの作品『エンロン〜巨大企業はいかにして崩壊したのか?〜』(二〇〇五年/米国)の印象的なナレーションを例にこう記されています。

「『エンロン』は、俳優ピーター・コヨーテが姿を見せずにナレーションを読みます。彼は物語に必要な情報を提供する以外の役を与えられておらず、まさに最も伝統的な意味での語りとして機能しています。(中略)ナレーションや語りは、巧く使えば物語を動かす最も効果的な手段の一つになり得ます。それは、ナレーションが物語を語るからではなく、よく出来たナレーションが観客を物語に引き込んで、体験させる力を持つからです」

(『ドキュメンタリー・ストーリーテリング 「クリエイティブ・ノンフィクション」の作り方』)

ここに書かれているように、単純に「海外ドキュメンタリー=ノーナレーション」という図式で括ることはできません。作品のクオリティーに関する本質的な問題は、結局のところ、「いかに情報を効果的に受け取ってもらうか、そのためにどんな手法を適切に使うか」なのです。

第八章　現場力を最大限に発揮させる「マネジメント」

知られていない「ディレクター」と「プロデューサー」の違い

テレビ業界で働いていて、一般の人に「理解されていないないなぁ……」と感じるのが、「ディレクター」と「プロデューサー」という職種の違いです。

本来、この二つの職種は具体的な業務や立場が異なります。だからこそ区別されているのですが、近年、その境界が曖昧になっているのも事実です。

例えば、ある番組を紹介した記事などに「番組制作者」として登場するのは、なぜかプロデューサーであることが多いのです。プロデューサーも制作陣の一人ですが、実際には番組制作における「マネジメント」が主な業務です。全体の方向性を示し、番組内容や予算の管理、編成との折衝やプロモーションなどを行うのがプロデューサーの仕事です。

確かに、広報担当としてプロデューサーが番組について語るのはおかしくないのかもしれませんが、番組の細かなディティールまで「自分がやりました」と語るのは無理があります。なぜなら、具体的な取材や膨大な撮影素材の編集を担うのは、ディレクターだからです。毎週、放送されるレギュラー番組の一コーナーでも、その出来は担当ディレクターの力量によって左右されます。

映画の場合、「監督」と「プロデューサー」の違いは一般の人も理解しているでしょう。「その映画は、誰の作品か？」と問われれば、迷いなく「監督」と答える人が多いと思います（たとえ、最終的な編集権を映画会社のプロデューサーが握っていたとしても）。書籍の場合も、「著者」と出版社の「編集者」の役割の違いは、一般の方にも十分に理解されていると思います。

ところが、なぜかテレビ業界に限っては、「プロデューサーが番組を作っている」というイメージが世間に染みついているように感じます。こうした認識は、決して一般の人に限ったことではありません。最近では、テレビ業界で働く者の中にも、そう認識している人が少なくないのです。とある制作プロダクションの方とお会いした際、「ある局の一部のプロデューサーは、ディレクターとプロデューサーという職種の違いを理解していなくて困る」

と漏らしていました。マネジメントの域を超え、編集の最終段階でディレクションにまで介入する姿が散見されるというのです。

現在、日本で放送されているテレビ番組の過半数が局制作ではなく、外部の制作プロダクションやフリーのディレクターに業務委託して作られています。ただ、そうした実態はあまり知られていません。企画そのものも、外部プロダクションの発案である場合が少なくありません。

苦労して取材をし、不眠不休で編集作業を行っても、完成直前に現れたプロデューサーが多少手直ししただけで、まるで「この番組は自分が作りました」という顔をされたら、当のディレクターはたまりません。でも、現実にそうしたことはよく起こっているのです。

前章で述べた「なぜ、日本のドキュメンタリー番組は〝ナレーションありき〟という画一的な手法に陥ったのか?」という謎も、こうした日本のテレビ業界の体質と無縁ではないと思います。取材や撮影現場にいないプロデューサーが、編集段階で最も具体的に介入できる領域がナレーションだからです。編集された素材に後から何かを加えるとしたらナレーションぐらいしかありません。そこで手を加えようとすればするほどナレーションの量は増え、番組自体も説明的になっていくのです。

こうした体制の下では、実際に番組制作を担うディレクターのモチベーションが下がるのは当然です。視聴者よりも、プロデューサーの顔色をうかがいながら制作することにもつながります。

しかし、かつてのテレビ黄金期には、各局に個性豊かな名物ディレクターがたくさんいました。「番組を作っているのは誰か？」と問えば、答えは紛れもなく「ディレクター」だったのです。

それが、ここ二〇、三〇年の間になぜかディレクターの地位は低下し、名の知れたテレビマンといえばプロデューサーばかりになってしまいました。「最近、テレビがつまらない」と言われる原因には、視聴率主義や様々な規制が増えたことが挙げられますが、私はクリエイターとしての誇りや尊厳が守られていない業界の体質が大いに関係していると見ています。

署名性がモチベーションを高める

私自身の会社での肩書きは「シニアプロデューサー」ですが、不定期で今もディレクター業務を行い、自ら企画した特集番組を構成・演出しています。

一方、プロデューサー業務を担う際は、担当ディレクターには制作を始める前に一つだけお願いをすることにしています。それは、番組最後に流れるスタッフロールで必ず「ディレクター　○○○○（名前）」と自身の名前をしっかりと単体で表示すること。一般の視聴者はスタッフロールなど読んでいないに等しいことは承知していますが、たったこれだけのことでも担当ディレクターのモチベーションは上がります。「この番組を作ったのは他の誰でもない。自分だ」と宣言しているのと同義だからです。意気に感じないディレクターはいません。

番組に「署名性」を持たせることは、リスク管理の面からも良いと思っています。なぜなら、自分の名前が明示される番組でヤラセなどの倫理違反を行えば、自身の名を傷つけることになるからです。

元々はテレビ業界の出身で、映画監督の是枝裕和さんの著作に、興味深い一文を見つけました。テレビ東京系列で一九九二年から二〇〇〇年まで放送していた番組『ドキュメンタリー人間劇場』についての文章です。

「『ドキュメンタリー人間劇場』は優秀な編成局長が自ら立ち上げたシリーズで、立ち上げの会議には制作会社のなかでも名の通ったディレクターが何人も呼ばれました。その際に『予算はそんなにないけれど、番組の最初に演出家の名前を出す』『作家性を重視するドキュメンタリーにして、NHKとの差別化を図る』『タブーはないから何をやってもいい』という素晴らしい構想を打ち明けられたのです」

（『映画を撮りながら考えたこと』是枝裕和著／ミシマ社）

是枝さんは、『人間劇場』ではディレクターとして一本しか制作しなかったそうですが、二〇年以上前に番組プロデューサーが語った言葉を今も覚えていました。

こうした話は、放送業界に限ったことではないでしょう。「外注さん」と呼び、面倒な仕事を外部委託業者や派遣社員に押しつけるだけでは、彼らから期待値以上の成果は生まれません。本来のマネジメントとは、「いかに現場の人の能力を引き出せるようお膳立てするか」であり、そうした体制を整えることで業界全体も活気づくのです。

人を動かすのはお金よりも面白さ

いい仕事をするには、何より「モチベーション（動機付け）」が重要です。

では、どんな動機付けがクリエイティブな仕事や人材を育むのでしょうか？

それを考える上で、一つのヒントになる問題があります。まずは〝頭の体操〟として、次の頁のクイズにチャレンジしてみてください。


少し頭をひねらないと、すぐに答えが思いつかないかもしれません。これは、「ロウソク問題」と呼ばれる有名な認知能力テストです。以前、私が企画・制作したフジテレビの特別番組『ヒューマン・コード〜想定外のワタシと出会うための3つの暗号〜』（二〇一二年）でも紹介したことがあります。その際に街頭調査を行ったところ、二分以内に正解が分かった人は、一〇〇人中一四人でした。

ただ、この問題、ある〝ヒント〟を与えると、たちまち正答率が急上昇するのです。

そのヒントとは……。

「画びょうを箱から出して考えたら？」

クイズ
上図にあるものを使って〝壁の高い所〟に
ロウソクを灯す方法を考えてください

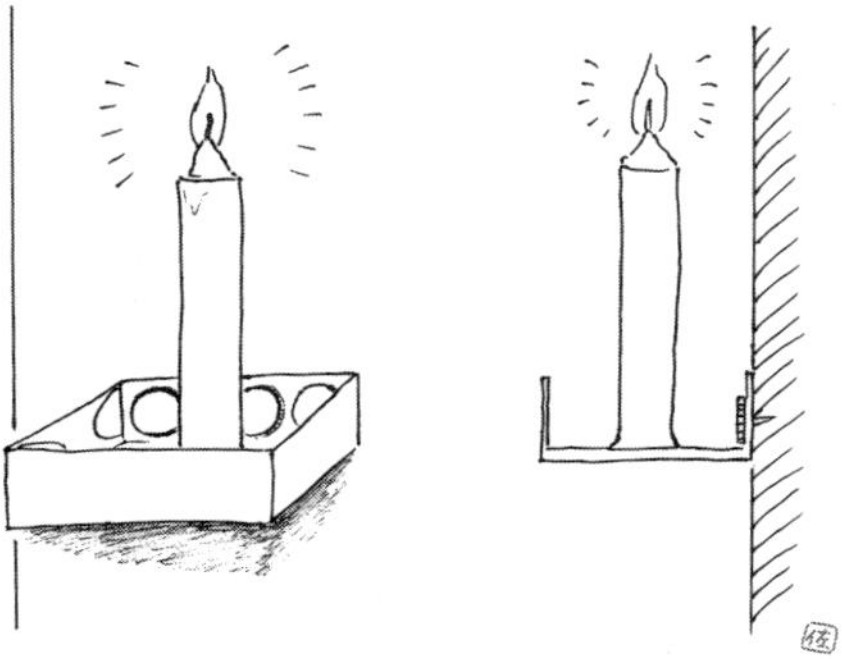

これでもう、答えが思いついたのではないでしょうか？

正解はこちら。

画びょうを入れていた「箱」を利用し、その中にロウソクを立てれば〝壁の高い所〟に灯すことができるのです。正解が分かってしまえばなんてことのない問題です。

一九六二年、プリンストン大学のサム・グラックスバーグ教授は、このロウソク問題にある条件を加えて実験しました。一つのグループには、「問題が解けるまでの〝時間〟を計りますね」と告げ、もう一つのグループには、「問題を解けたら〝お金〟をあげますね」と伝えて比較したのです。

「報酬あり」か「報酬なし」か、どちらがより早く問題を解いたと思いますか？

当然、「お金（報酬）」というインセンティブがある方がより真剣に取り組み、早く正解に辿りついたと予想するでしょう。しかし、結果は逆でした。「お金をあげる」と伝えたグループの方が、平均で三分半も余計に時間がかかったのです。

次に教授は、難易度がぐんと低くなる「画びょうを箱から出した状態」の簡単な問題で、先ほどと同じ二つのグループを比較しました。すると今度は、「お金をあげる」と伝えたグループの方が、平均で約一分半、早く問題を解いたのです。

これらの結果は一体、何を意味しているのでしょうか？

明治大学の友野典男教授（行動経済学）は、次のように答えました。

「簡単な問題の場合には、割と〝お金〟で動く。でも、難しい問題や面白い問題の場合には、自分自身の内から湧き出る〝内発的動機付け〟が強く働くのだろうと思います」

単純な作業やさほど難しくない問題の場合には「報酬」が良い結果に結びつくが、想像力を必要とするような一筋縄でいかない問題の場合には、損得よりも「好奇心」といった純粋な動機が働いた方が良い成果をあげる。

友野教授は、さらにこんな話をしました。

「一つの例として〝成果主義の失敗〟というのが挙げられると思います。お金だけで人を動かそうとして、うまくいかなかった例じゃないでしょうか」

一時期、盛んに持てはやされた成果主義も、最近ではむしろ、その効果の薄さや弊害の方が指摘されるようになりました。

ノーベル医学・生理学賞を受賞した本庶佑・京都大学特別教授をはじめとして、日本人が自然科学の分野で数々の実績をあげているのは、言うまでもなく「儲かると思ったから」が理由ではないでしょう。すぐに結果の出ない基礎研究の分野で、誰も発見・解明していない未知の領域へ向かう探究心が二〇、三〇年後に花開いた結果なのです。

「クリエイティブな仕事」とは、前例がなく、どう転ぶか分からないものであるが故にワクワクする仕事でもあります。つまり、取り組む人間の〝内発的動機付け〟が強く関与する領域なのです。他人から成果報酬などの動機付けを与えられて簡単に達成できるものではないのです。

とすれば、企業や研究機関は、クリエイティブな人材を育むために何をなすべきでしょうか。重要なことは、

「取り組む本人が面白いと思うものに、自由に取り組める環境を整えること」ではないでしょうか。そこに力を注がなければ結局、その後の大きな成果も生まれません。そのことを、昨今の事例が物語っているように思います。

〝目利きパトロン〟の重要性

二〇一二年に、iPS細胞の研究でノーベル医学・生理学賞を受賞した山中伸弥教授は、どうやって最初の研究資金を得ることができたのか。そのことは意外に知られていません。

まだ無名だった二〇〇三年に、山中さんは科学技術振興機構の「CREST」という研究支援プロジェクトから初めてファンディング（資金援助）を得ました。五年間で三億円という研究費が支給された背景には、審査の面接にあたった免疫学の世界的権威・岸本忠三氏の英断があったといいます。

「『山中伸弥さんの方法ではどう見てもうまくいくはずがないと思ったが、彼の迫力に感心した。絶対にこいつはCRESTに採るべきだ、何かやらかすはずだ、と強く主張した』という。なかば、岸本教授の直感的で独善的な採択として、その領域の最後の一人に山中教授が滑りこんだのだった」

（『元素戦略　科学と産業に革命を起こす現代の錬金術』中山智弘著／ダイヤモンド社）

今をときめくｉＰＳ細胞の研究は、この時の岸本氏の直感や独善的な採択がなければ、日の目を見なかったかもしれません。興味深いのは、科学的な研究分野であっても、最終的な決断を促したのは、山中さんの迫力であり、岸本教授の根拠なき予感であった点です。論理や理屈を超えた判断がそこにあり、ある種の賭けが革新的研究を生むきっかけだったのです。

事ほど左様に、世の中の新しいものは、よく分からない（けど、何かすごそうな）ものへの投資によって生まれるのです。

同様の話が、『ブレイブ　勇敢なる者』の第一弾「Ｍｒ．トルネード～気象学で世界を救った男～」（二〇一六年）で取り上げた故・藤田哲也博士にも存在します。

シカゴ大学の藤田教授は日本ではあまり有名ではありませんが、竜巻の世界的単位の元となった「Ｆ（フジタ）スケール」の生みの親として知られ、後年は墜落事故を引き起こす「ダウンバースト」という気象現象を発見して、世界の航空安全に多大な貢献を果たした日本人気象学者です。

一九七六年に世界で初めてダウンバーストの理論を発表した藤田博士は当初、気象界から猛烈なバッシングを受けました。なぜならその時、ダウンバーストはまだ一度も観測されたことがなかったからです。

ダウンバーストを巡る論争はその後、約一〇年も続きました。論争に終止符が打たれるきっかけとなったのは、一九八二年に実施された数億円規模の大規模な観測計画でした。そこで実際に二〇〇近くものダウンバーストの観測に成功し、後に具体的な対策が取られたことで、今、私たちは安全に空の旅を楽しむことができるのです。

この知られざる世界的偉業の背景にも、歴史に名前が登場しない一人の男が大きな役割を果たしています。藤田博士と研究を行った米国人関係者にインタビューをしたところ、突然、

「どうやって（観測計画の）資金を集めたのか、話しておくべきでしょうね」

と語り出しました。数億円という研究資金を援助してくれたNSF（アメリカ国立科学財団）には当時、ロナルド・テイラーという特別研究員がいて、彼が藤田博士のダウ

ンバースト研究を後押しするため、審査が通りやすくなるように様々な工作をしてくれたと証言したのです。

「テイラーはとても聡明な人物で、実に賢明なことをしたと思いますよ。もし彼がいなかったら、資金をどこから得られたか、私には見当がつきません」

通常の審査手順に従っていれば、観測計画が頓挫することは目に見えていたそうです。すると、墜落事故の原因も闇に包まれたままとなり、より多くの犠牲者が出ていたことでしょう。

これらのエピソードは、「今までにないコンテンツをいかにして生み出すか」ということとも関係していると思います。

そもそも、藤田博士を取り上げた『ブレイブ 勇敢なる者』というシリーズは当時、NHK総合編成のトップにいたMさんの計らいで始めることができた企画でした。私が過去に企画・制作した番組『ケンボー先生と山田先生～辞書に人生を捧げた二人の男～』の再放送を見た彼が、『ブレイブ』の前身となる『Dr．MITSUYA～世界初のエイズ治療薬を発見した男～』という企画を採択してくれて、今のシリーズ化につながったのです。

実は最初のきっかけである『ケンボー先生……』の再放送時の視聴率は、わずか1・8％という散々な結果でした。その日放送されたNHK総合の全番組の中でも最も低い視聴率だったのです。にもかかわらず、自身の目と感覚に従って私の企画を後押ししてくれました。それがなければ、藤田博士の知られざる功績が広く紹介されることもなかったのです。

藤田哲也博士に関する番組は「科学ジャーナリスト賞二〇一七」を受賞し、番組では紹介し切れなかった内容も大幅に加えて書き下ろしの単行本も出版されました（拙著『Mr.トルネード　藤田哲也　世界の空を救った男』文藝春秋）。これら全ての発端には、表には名前が出ないMさんの眼力と胆力があるのです。

優れたドキュメンタリー番組を生み出し続けている東海テレビのプロデューサー阿武野勝彦さんもそんな存在だと思います。彼のもとへディレクターが「暴力団を取材したい」「戸塚ヨットスクールを取材したい」「光市母子殺害事件の弁護団を取材したい」と持ちかけても、そこで尻込みするようなプロデューサーなら何か理由をつけて企画を諦めさせるでしょう。そうした上司の方が圧倒的に多いはずです。

しかし、阿武野さんは慎重に吟味しつつも、「どうしたら実現できるか」についてデイレクターと共に頭を捻ります。ドキュメンタリー番組はなかなか視聴率が取れないので、プロデューサーとして予算確保にも奔走しなければなりません。社内で合意を得るにも一悶着あるでしょう。面倒なことが山ほどあるのです。

でも、そうしたことを乗り越えなければ、優れた番組が世に出ることもありません。当たり前のことですが、私は最近、つくづくこう思います。

「〝目利きパトロン〟がいなければ、いいコンテンツも生まれない」

どの業界でも言えることだと思いますが、企画の採択権を持つ人物やスポンサー、予算や業務管理を担うプロデューサーの〝目利き〟が、まずは何より重要なのです。そうしたパトロンとの出会いは運とも言えるでしょうし、パトロンの判断もあくまで経験や勘に裏打ちされた根拠なき予感にもとづく支援なのです。

放任主義が生んだ〝世紀の技術革新〟

日本で生まれた技術が、世界を変えた——。

今、誰もが手にしているスマートフォンには、半導体記憶媒体「フラッシュメモリ」が組み込まれています。フラッシュメモリは電源が切れてもデータを保持し、小さくて軽い。おまけに消費電力も少なく、衝撃にも強い。大量の画像や音楽、動画データを手軽に持ち歩けるようになったのは、約三〇年前、東芝が開発したこの技術のおかげです。

フラッシュメモリは今や、世の中のありとあらゆる製品に使われています。USBメモリ、SDカード、パソコンのHDDに置き換わりつつあるSSDもフラッシュメモリです。また、エアコンや冷蔵庫、電子レンジといった家電製品全般にも使われ、様々な機能のプログラムを記憶する役割を担っています。自動車、Suicaなどの交通系ICカードやクレジットカードにも使われています。もはやフラッシュメモリなしでは、豊かな現代社会は成り立たないのです。

しかし、フラッシュメモリを発明し、開発を押し進めたのが、元・東芝社員の舛岡富士雄さんであることはあまり知られていないと思います。

二〇一七年から二〇一八年にかけて、東芝の苦境を様々なメディアが伝え、その経営問題について繰り返し、様々な媒体が取り上げました。東芝は原発事業での巨額損失から稼ぎ頭の半導体事業を分社化し、売却することで経営再建を図りました。資産価値二兆円と言われたその半導体事業が、まさに「フラッシュメモリ事業」だったのです。

ところが、ある一点については、なぜか〝空白〟になっていました。

「フラッシュメモリという技術革新は、いかにして東芝から生まれたのか?」

それについて報じられることは、ほとんどなかったのです。そこで私は、『ブレイブ勇敢なる者』の第三弾「硬骨エンジニア」(二〇一七年)でこの点に迫りました。その取材の中で最も興味深かったのが、舛岡さんの独特な「マネジメント」です。

フラッシュメモリのアイデアを最初に考えたのは舛岡さんですが、元々それは当時の常識では考えられない、あまりに型破りな製品でした。とにかく〝安く〟するため、従来の機能や構造を大幅に変更し、当初はデータのやり取りがきわめて遅くなるなどの致命的な欠陥を抱えていたのです。

それらの問題を一つ一つ解決していったのは、舛岡さんの部下たちでした。たった一〇人足らずの開発チームが、〝非常識〟と見られていたフラッシュメモリの試作品開発にわずか三年で成功したのです。舛岡さんは、

「僕は『やれ!』と言っただけだから。実際にやったのは、あの人たち(部下)だから」

と、こともなげに語ります。当時の開発チームのリーダー・白田理一郎さんも、

「舛岡さんは(部下たちが勝手にやることに)何も文句は言わなかったですよ」

と語りました。それどころか、

「開発会議には、（舛岡さんは）全然出てこなかった」

とまで言ったのです。私は、あまりの〝放任ぶり〟に思わず言葉を失いました。

こうした話だけを聞くと、「じゃあ、舛岡さんは一体、何をしていたんだ？」と訝しむ人がいるのは当然です。しかし、元部下の中には、

「舛岡さんは発明もすごいが、何より〝マネジメント力〟がすごかった」

と証言する人がいたのです。

フラッシュメモリは当時、前例のない全く新しいデバイスでした。それを研究するエンジニアは、常識にとらわれるような者では務まりません。舛岡さんが開発を託したメンバーは皆、個性が強く、言われたことをこなすよりも自分で考えて行動したい〝はみ出しエンジニア〟ばかりでした。開発会議では「他の人が話しているのに、自分のアイデアを話し出す人ばかり」で、誰もが思いついたアイデアを積極的に口にし、収拾がつかないほどだったといいます。もし、会議の場に強面の舛岡さんが同席していたら、決して自由闊達な雰囲気にはならなかったでしょう。

ある元部下の方は、こう断言しました。

「技術は、（部下を）自由にさせるマネジメントをしないと絶対に発達しない」

現場を前のめりにさせる「マネジメント」の妙

放任主義を貫く一方で、舛岡さんは開発メンバーの中に皆を鼓舞する「まとめ役」も配していました。また、開発チームの中に自分が叱りやすい「怒られ役」も置き、その部下を通じて自身の考えを他のメンバーに伝えていました。

各メンバーの個性や性格を見極め、自分も含めたお互いの弱点や苦手な部分を補い、長所を生かすマネジメントをしていたのです。その結果、それぞれの「個性」とチームとしての「結束」が同時に保たれていたのです。

舛岡さん自身も強すぎる個性ゆえに、東芝社内では毀誉褒貶相半ばする人物と見られていました。周囲から誤解されることも多かったのですが、研究開発の実務は信頼する部下に一任し、自身は上司としてマネジメントに徹していたのです。

フラッシュメモリの開発は当時、社内では冷ややかに見られていましたが、舛岡さんは研究費を調達するため、自ら他の部署に直談判に行くこともありました。

さらには、有望な人材の採用や新人教育にも力を注ぎ、部下には国際学会誌への論文投稿を促して、見事掲載された際にはその論文を職場の壁に飾ったそうです。壁は、部下たちの論文で埋め尽くされたといいます。

なぜ、フラッシュメモリは「東芝」から生まれたのか――。

フラッシュメモリの開発メンバーの一人、作井康司さんはしみじみと語りました。

「舛岡さんが我々にフラッシュメモリの研究開発という〝遊び場〟を作ってくれた」

当時の開発メンバーの強いモチベーション、ワクワク感、自主性、創意工夫などが、〝遊び場〟という一語に表れていました。私は、取材を深めれば深めるほど「フラッシュメモリが約三〇年前、東芝から生まれたのは必然だった」と強く感じました。

こうした成功例は、コンテンツ業界にも当てはめて考えられると思います。近年、テレビ業界ではプロデューサーがマネジメントの域を超え、ディレクションにまで介入することが頻繁に起こっていると述べましたが、そうした中から生まれたコンテンツは結局のところ、そこそこのものにしかならないでしょう。

「現場の人間が、前のめりで取り組む状況をいかに作れるか」

これが本来あるべきプロデュースやマネジメントの肝であり、そうした中から革新的な作品も生まれるのです。

第九章　妄執こそがクリエイティブの源である

アメリカのドラマがハイクオリティーな理由

「こんなに面白い作品が〝〇円〟で見られるなんて……」

アメリカのドラマ『MR．ROBOT』は、孤高の天才ハッカーと悪徳巨大企業との闘いを描いた作品で、第七三回ゴールデングローブ賞の作品賞（ドラマ部門）を受賞しました。日本では二〇一五年からAmazonの動画配信サービス「プライム・ビデオ」で配信されています（二〇一七年三月からDVDレンタル・販売開始）。優れたエンターテインメントであり、現代社会を鋭く風刺する本作。そのあまりの面白さに、電車での移動中もスマホで続きを見たくなるほどでした。それを〇円で見られるという衝撃。

Amazonプライム会員なら、このドラマの視聴はタダなのです。

といっても、正確には〇円ではありません。Amazonプライムの年会費を払った会員特典として見られるのです。会員は、一〇〇万曲以上聴き放題の音楽サービス「プライム・ミュージック」も利用できます。えげつないほどの囲い込み作戦です。そもそも私が会員になった理由は仕事柄、「お急ぎ便」を利用するためで、タダで動画や音楽を楽しむことを期待していたわけではありません。

たまたま見た『MR. ROBOT』に感嘆しながらも、テレビ業界で働く私は不安に襲われました。

「テレビは、こんな作品と同じ土俵に上がっていくのか……」

テレビとネット視聴は、デバイスの違いから辛うじてまだ分断していますが、徐々に同化していくでしょう。すると、競う相手は他局の番組どころか、ネットを含む全世界の優れたコンテンツになるわけです。

テレビは今、地上波、BS、CSと番組表を埋めるように次々と無数の番組が流されていますが、見たそばから忘れられるような番組がほとんどです。テレビ放送はまさに大量生産・消費型のスタイルと言えるでしょう。

一方、ネット動画配信サービスは、会員制（定額制）で顧客を抱え込む方向です。お客さんを逃さないために、他にない優れた作品を独占配信しようと動いています。その映像作品は、テレビ番組のように一瞬で消費されるのではなく、書籍のように長い間、多くの人が好きな時に見ることができます。

この流れが進むと、これからは個々の作品のクオリティーがより重視される時代が訪れると思います。その時、問われるのは「作品を生み出す人＝クリエイター」の存在価値です。

『MR. ROBOT』では、毎回タイトルロゴと同時に「Created by Sam Esmail」という文字が表示されます。製作総指揮のサム・イスマイルの名が明記され、彼が原案者であり、彼の作品であることが示されます。文字通り、『MR. ROBOT』というドラマ作品は、彼の存在なしには成り立たないのです。

言うまでもなく、映像作品は多くのスタッフや出演者の協力の上に成り立ちます。しかし、ある作品は一人のクリエイターの覚悟や妄執によって生み出されるものなのです。映画でも「A Film by ○○」（○○の作品）と記されるように、その作品に最も長く、具体的に関わった人物の名（監督名）が明示され、誰がその作品のクオリティーに責任を負っているか、はっきりと示されます。

つまり、一つの作品と一つの人格は、不可分なのです。

翻って、日本のテレビ業界はどうでしょうか。今では徹底した分業制が敷かれ、高速で流れるスタッフロールにはディレクターの名前が一〇人近くも載ることがあります。テレビ番組というコンテンツはきわめて署名性が乏しく、「実際に、その番組を作ったのは誰か」があまりに不透明になり過ぎているのです。前章でも触れたように、誰の作品か曖昧なら、自ずと作り手としての矜持も失われていくでしょう。

作り手の権利が確立されることの意味

目まぐるしく変化するメディア状況を受けて、「これからは〝コンテンツの時代〟になる」という声をよく耳にするようになりました。映像業界で言えば、一昔前は「テレビか、映画か」という二択でしたが、今ではＮｅｔｆｌｉｘ、Ａｍａｚｏｎプライム・ビデオなどの動画配信サービスも独自コンテンツを制作するようになり、まさに百花繚乱の様相を呈しています。

各媒体は今後、他とは違う良質なコンテンツをどれだけ抱えているかが勝負になります。客を呼び込める魅力的な作品ラインナップをどれだけ揃えられるかによって、視聴者数や契約者数も変動するからです。

コンテンツ優位の時代になれば、作り手がもっと尊重され、しかるべき対価も制作会社や現場のクリエイターに還元されるようになるのではないか。そんな期待を抱かせる動きがすでに起きています。

第九〇回アカデミー賞で長編ドキュメンタリー映画賞に輝いた『イカロス』は、Ｎｅｔｆｌｉｘが五〇〇〇万ドル（約五億五〇〇〇万円）で独占配信権を購入しました。ドキュメンタリー作品としては異例の金額です。

また、同じくＮｅｔｆｌｉｘは人気ドラマ『ｇｌｅｅ／グリー』などを手がけた敏腕テレビプロデューサー、ライアン・マーフィーと五年で三億ドル（約三三〇億円）という破格の契約を結んでいます。

しかし、こと日本のテレビ業界においては、コンテンツの時代が訪れても制作会社やクリエイターは本当に報われるのだろうか、という懸念があります。というのも、日本では未だ番組の権利は制作会社ではなく、放送局が保有しているケースが大半を占めているからです。

番組のエンディングに流れるスタッフロールの最後には、必ず「製作・著作〇〇」という表記が出ます。この「〇〇」に当たる部分には大抵、放送局名が表示されています。

それはつまり、「番組の著作権が放送局に帰属している」ことを意味しています。しかし、欧米の先進国は、こうした日本の現状とは異なります。

アメリカでは、一九七〇年代に制作会社が手がけた番組の所有権を三大ネットワークが取得することを禁止するルールなどが定められました。イギリスでも、放送局の優先的地位の濫用を防ぎ、番組の著作権は基本的に制作プロダクションに帰属するというガイドラインが定められています。フランスでは、法律によって放送収入の一部が制作者に還元される仕組みができています。

制作プロダクション「テレビマンユニオン」の重延浩さんは、ATP（全日本テレビ番組製作社連盟）の副理事長を務めていた当時、テレビ番組の著作権に関する国際調査を行いました。その調査を通じて、日本のテレビ業界の特異性に気がついたと言います。

「すぐに理解したことは、日本のテレビジョンは放送局を主体としたまま、放送局が権利の運用を主導しているという後進的実態と、制作プロダクションが当然の権利の保有を強く主張していないという実態だった」

（『テレビジョンは状況である　劇的テレビマンユニオン史』重延浩著／岩波書店）

現在、放送されている日本のテレビ番組の過半数以上は、実は外部の制作プロダクションやフリーランスの番組制作者が手がけています。ところが、日本では作られた番組の著作権は放送局が保持するのが通例で、ＤＶＤ化や海外販売などの二次展開の収益も多くが権利者である放送局のものとなります。つまり、実際に汗をかいた制作当事者には、さほど還元されない形になっているのです。

すると、番組制作会社やクリエイターは、手間をかけてクオリティーの高い番組を作っても、次から次へと新作を作り続けない限りは収益が上がらなくなります。また、少しでも利益を上げるために、限られた予算を切り詰めるという発想になり、取材に十分な予算をかけず、演出も挑戦的なことは避けるようになります。その結果、現場は疲弊し、面白いコンテンツも生まれなくなるのです。

元ＡＴＰ副理事長の重延浩さんは、番組の著作権のあり方を国際標準の形にするべく尽力されました。各放送局との交渉の中で彼は、

「放送の免許を受けた制作発注者が、最初から権利を保有できるという立場に立つことはありえない」

と述べたと言います。著書の中に、その時のやり取りが記されていました。

「たとえ制作費を支払ったとしても著作権は保有できない。著作権は制作し、制作責任を持つ者に自動的に派生する権利である。放送局は放送する内容上の責任を持っているから、著作権の権利に関わっているという意見もあった。私は反対した。その意見は免許を持つ放送局は法的にみな著作権を保有できるということか。それがほんとうに著作権法の理念なのか。放送局が放送内容の責任を持つのは、公共的責任としての責任であって、制作上の責任とは分離されるべきである」（前掲書）

こうした先人の働きかけによって、昨今は日本のテレビ番組でも「製作・著作」に制作プロダクション名が併記されるケースが増えてきています。しかし、欧米の先進国の実状には到底、追いついてはいません。

一方で、Ｎｅｔｆｌｉｘなど動画配信サービスは、コンテンツの独占配信権は求めますが、一定期間を過ぎれば、二次利用の権利は制作プロダクションなど作り手のものとする契約を結んでいるといいます。

いい作品を作り、ヒットした場合、制作した当事者に利益が還元されるのなら、クリエイターは「よりいいものを作ろう」という気になるのは当然です。そうして良質なコンテンツが生まれれば、結果的に両者が得をします。そのことを新興の動画配信サービスはよく理解しているのです。ですから、映画やアニメ業界の優秀なクリエイターが、次々と動画配信サービスの方へ流れているのです。

番組の権利の問題は、単なる利益還元の問題に留まらず、業界全体が活性化するかどうかにも関わる重要な問題です。五年先、一〇年先の将来を見据え、番組の作り手である制作プロダクションやクリエイターが真の力を発揮し、報われる形にならなければ、テレビ業界はますますコンテンツの時代に存在感を失っていくことになるでしょう。

"オワコン"テレビは、なぜ終わらない？

「テレビなんて、オワコン（終ったコンテンツ）」

と言われるようになって随分経ちます。思えば、インターネットの登場以降、度々そう言われてきました。漸減傾向にある視聴率はもとより、番組の質や放送文化という面から見ても「テレビは以前に比べて面白くない」と、なんとなく多くの人が感じていると思います。

ＮｅｔｆｌｉｘやＡｍａｚｏｎなどの勢いが増す中で、ネットニュースには毎日のように〝テレビの斜陽〟を伝える記事が躍ります。テレビは、ネットという新しく自由なメディアに比べ、窮屈で旧態依然としたオールドメディアと位置づけられているのです。

しかし、かつての勢いを失いながらもテレビはいまだ健在で、影響力が大きいことも事実です。検索ワードランキングやＴｗｉｔｔｅｒのトレンドでは、テレビ番組やテレビタレントの話題が上位を占めています。ＹｏｕＴｕｂｅで一〇〇万回再生された動画が話題になる一方で、約一〇〇万人が番組を見てもテレビの視聴率に換算すると約１％程度に過ぎません。出版業界なら、一〇〇万部も売れる本は年に一冊出るかどうかという大ヒットでしょう。

なぜ、〝オワコン〟と揶揄されるテレビは、終わらないのか――。

「今は過渡期」「時間の問題」と見る向きもあるでしょうが、以前からネットがテレビに取って代わると予測していた人はたくさんいました。ところが、大方の予想に反して、ネットの時代と言われてから二〇年以上もテレビはしぶとく生き残っているのです。

私は、その理由には「テレビ」というメディアの〝特性〟が関係しているのではないかと思っています。私がテレビ業界に入った一八年前、放送のデジタル化に伴い、よくこんなことが語られていました。

「これからのテレビは〝双方向〟がキーワードだ」

従来の放送と違い、データ放送やネットとの連動で番組の送り手と受け手がやり取りできた方が視聴者の意見を反映でき、より面白くなる、などと盛んに言われていたのです。新人研修の際、「高画質・高音質・多チャンネル化」に加え、「〝双方向〟がテレビの未来だ」と耳にしたことを今でも覚えています。それは、明らかにネットという新興メディアの存在を強く意識した発言でした。

従来のテレビはいわゆる〝受動メディア〟で、視聴者は番組から一方的に送られる情報を受け取る形です。一方、ネットは自分で検索ワードを入力し、クリックして情報にアクセスする〝能動メディア〟と位置づけられます。自分の意思や考えを反映でき、テレビに比べて圧倒的に自由度も高く、直接、情報の送り主とのやり取りも可能です。

「一方通行で、受動メディアのテレビ」

「双方向で、能動メディアのネット」

こうして並べると、テレビはいかにも古臭く、制約だらけで押しつけがましい感じがします。それ故、テレビにもネットのような双方向性を付加価値として持たせる取り組みが行われてきました。

しかし、あれから十数年、双方向に取り組んだテレビ番組で目覚ましい成果を挙げ、強く印象に残っている例はほとんどありません。

例えば、リモコンの「ｄ（データ）ボタン」。朝の情報番組を除けば、積極的に使っている番組をほとんど見かけません。また、生放送中に視聴者のＴｗｉｔｔｅｒの投稿が画面下に表示されることがありますが、そのつぶやきを見て「面白い」と感じている人がどれほどいるのでしょうか。映し出される投稿は当然、番組側が吟味したものですし、タイムラグもあります。画面がなんとなく賑やかにはなりますが、「邪魔だ」と捉える人も多いでしょう。

双方向化を目指して行われた数々の試みは、決して「テレビをより面白くした」とは言えないと思います。これらの試みは結局〝ネットの後追い〟に過ぎなかったのです。

〝負荷〟の少なさは強みである

なぜ、テレビの双方向化はうまくいかないのでしょうか。

そもそもネットとテレビでは、メディアの特性が異なります。能動メディアと受動メディアには、情報を受け取る際にかかる〝負荷〟に大きな差があるのです。例えばネットは、何をするにも常に自分で何かを選択し、入力し、クリックするという〝積極的（能動的）な行動〟が求められます。

一方、テレビは番組から送られてくる情報に対し、基本的に視聴者は〝受け身〟です。求められる動作も、リモコンの電源と一二個のチャンネルボタンを押すだけ。とにかく、テレビというメディアはラクなのが特徴です。

「スマホの時代に、リモコンなんて時代遅れ」と思っている人も多いでしょう。しかし、私はむしろ「テレビのリモコンは、きわめて優れたインターフェースである」と捉えています。なぜなら、スマホ操作に苦手意識を持つ高齢者はいても、リモコンが使えない人は皆無だからです。説明書がなくても誰もが扱えます。限られたボタンを押すだけという究極にシンプルな操作に支えられて、テレビは圧倒的な大衆性を獲得してきた面があると思います。

テレビというメディアが持つ優位性は、他のメディアに比べて情報を受け取る際の負荷が圧倒的に少なく、誰もが気楽に接することができる点にあります。それが、膨大なコンテンツが世にあふれる現代でも、いまだ多くの人がテレビ番組を視聴し、一〇〇万人単位の人が見るマスメディアとして君臨する大きな理由だと思うのです。

このように捉えると、実は「一方通行の受動メディア」である点は、テレビが持つ最大の武器とも言えます。

実際、多くの視聴者がテレビに求めているのは、いい番組や面白い番組を見せてくれることです。ｄボタンで何かができることや取って付けたような双方向をテレビに求めてはいないのです。視聴者が自主的に番組の感想をネットに書き込むことと、番組側が〝参加感〟を演出するためにわざわざ何かを視聴者にしてもらうことは根本的に異なります。テレビにネットのような双方向性を導入しようとすると、むやみに視聴者の負荷を増やすことになり、「圧倒的にラクである」という自らの特性を失うことにもつながります。

受動メディアたるテレビの本分は、当然のことながら「良質な番組を視聴者に送り続けること」。それ以外にはないのです。テレビはその原点に立ち返り、自身の強みを最大限に生かしながら、ネットメディアとの差別化を図っていくことが今後より一層、重要になるでしょう。

“検索社会”で失うもの

「これからのテレビの可能性について、どう思いますか？」

二〇一七年一一月、関西大学で開かれた第三七回「地方の時代」映像祭。その中のシンポジウムに現役のテレビ制作者四人が呼ばれました。その一人として登壇した私は、事前に主催者から提示されたこの問いにどう答えたらいいか、考えあぐねていました。そもそもこの問い自体が、ネットの勢いに押されるテレビの現状を表しているようにも感じられます。

今、世の中には情報があふれています。気になること、知りたいことがあれば、誰もがスマホ片手にネットで調べ、即座にそれなりの答えを得られるようになりました。そんな時代にテレビが持つ可能性とは一体、何なのでしょうか。

実際、テレビ制作の現場でも、会議や打ち合わせ中に誰かが発言した内容について分からないことがあると、その場でネット検索し、「あ〜、なるほど、そういうことね」と納得する人の姿を見かけます。目の前によく知る人物がいても、その人に詳しく尋ねるより、とりあえずネット検索する。そして、検索結果の上位に示された項目や画像、ウィキペディアなどの短い説明文を読んで、ひとまず分かった気持ちになる。そうした光景は珍しくありません。

デジタル化されたデータベースにアクセスし、検索すれば一定の情報を得られる便利な現代社会。この〝検索〟という機能は、人類史上かつてない、きわめて重要なテクノロジーの一つと言えます。

はるか昔、古代ギリシアや古代エジプトの時代にも図書館は存在していました。そこには一人の人間が一生かかっても読みきれないほどの情報が蓄積されていたのです。ただし、何万冊、何十万冊という本の中から関係する項目を調べるのはきわめて困難でした。紙などに残されたアナログ情報は、増えれば増えるほど情報を引き出すのに膨大な労力がかかります。また、図書館などで情報を得られるのは、特権階級や知識層などごく一部の人々に限られていました。

ところが、情報革命以後、加速度的に情報量が増えても、手間をかけずに瞬時に欲しい情報を引き出せるようになったのです。情報量は増える一方でも、情報を調べる手間や労力はほとんど変わらない。それは、紛れもなくデジタル化によって検索機能が桁外れに向上したお陰です。世界中のあらゆる人が、いつでも好きな情報を得られるようになりました。

もはや現代人は、検索なしには生きられません。初めて訪れる街、おいしそうな店、夕飯の献立など、ありとあらゆる情報を検索から得ています。情報化社会といわれる現代は、〝検索社会〟とも言えるのです。

しかし、当然のことながら、世の中にあふれる情報は検索によって得られるものばかりではありません。Ｇｏｏｇｌｅなどの検索エンジンに引っかからない情報は、実際には無数に存在します。ネット検索だけに依存すると、そうした予想もしない情報に出会う機会は失われていきます。

〝偶然の出会い〟を演出するテレビ

以前、とあるラジオ番組でジャーナリストの神保哲生さんがこんな発言をしていました。

「ＮＨＫは、Ｇｏｏｇｌｅの逆を行け」

これはＮＨＫに限らず、テレビ業界全体に敷衍して捉えられる言葉だと思います。

「これからのテレビは、Ｇｏｏｇｌｅの逆を行け」

気になること、知りたいことは検索すれば済む時代に、ネット検索で事足りる内容をわざわざテレビがやったところでさほど価値はありません。そこに〝差異〟はないのです。せいぜい、「ネット検索の代わりにテレビが教えてくれた」という手間が省けた程度のメリットでしょう。

そう捉えると、これからのテレビの可能性とは、やはりネットとの差別化を図る方向しかないのではないかと思います。前述したように、ここ二〇年近くテレビ業界が取り組んできたテレビとネットの融合は、客観的に見て成功しているとは言い難いのです。

では、テレビとネットの違いとは何なのでしょうか。

私は、一方通行の受動メディアであるテレビの最大の強みは、視聴者に〝偶然の出会い〟を提供できる点にあると捉えています。例えば、テレビを見て、こんな体験をしたことはないでしょうか。

「見るつもりじゃなかったのに、たまたま見た番組が面白かった」

こうした視聴体験は、テレビに親しんできた人なら一度や二度はあるはずです。「見るつもりじゃなかった」という自分の趣味や嗜好とかけ離れた番組との出会い。「たまたま見た」という偶然性。それは、〝検索〟という能動的な行為を介さないからこそ得られたものです。ビッグデータを元にしたアルゴリズムによって導き出されるレコメンド（推薦）機能でも得られない体験なのです。

リモコンを押すだけで気楽に見られるテレビ番組をきっかけに、時に自分でも予想しなかった〝新たな自分〟が掘り起こされ、世界が広がる。そうした〝偶然の出会い〟を演出（状況設定）できるのがテレビの醍醐味ではないかと思います。

ただし、受動メディアであるテレビには、最大の弱点もあります。

受け手（視聴者）へ一方的にコンテンツを送り届けるため、もし送り手（制作者）が面白い番組を提供できなくなったら、見向きもされなくなり、あっという間に廃れてしまうのです。

ネット検索とは逆へ行くということは、制作者の取材力や企画力も試されることになります。これからの時代のテレビは、ますますメディアとしての真価が問われることになるでしょう。

作り手の妄執が心に刺さる作品を生む

「作りたいものを作って生きていく」

ものづくりに携わるクリエイターなら誰もがそうありたいと願いますが、現実は甘くありません。例えば、日本の映画界で映画制作だけで生計が成り立っている監督は、わずか数人に満たないといいます。

そうした現状もあり、二〇一八年九月、東京・京橋の国立映画アーカイブで開かれた「第四〇回ぴあフィルムフェスティバル（ＰＦＦ）」でのスペシャル講座に、なぜかテレビ業界から旧知の稲垣哲也さんと私が登壇し、対談することになりました。

映画業界を志す人へ向けた講座にテレビディレクターの私たちが呼ばれた背景には、「映画監督になりたい」という夢や憧れを抱いても現実的にはほとんどの人がなれない、あるいは、なんとか映画が撮れても映画制作を生業としていくことが極めて困難だという現実があります。

その一方で近年、大学や専門学校には次々と映像系学科が立ち上がり、その講師に仕事がない映画監督が就任して、そこからまた食えない映像作家の卵が量産されるという悪夢のような構図も存在します。

子どもの「なりたい職業」にランクインするＹｏｕＴｕｂｅｒなども、生計が立てられるほど成功を収めている人はほんの一握りです。誰もがスマホなどで動画撮影し、映像の編集・加工も可能な現代ですが、趣味で行うのとプロとして活躍するのでは話が違うのです。

では、テレビ業界はどうかと言えば、映画業界ほど狭き門ではありませんが、「作りたいものを作って生きていく」という点でいえば、決してたやすくはありません。ほとんどの人が、視聴率や売り上げ、自分の立場などを考えながら、どうにかこうにかやっているのが現状です。

しかし、ＰＦＦ講座で対談した盟友・稲垣哲也さんは、ユーコムという番組制作プロダクションに所属しながら、自分が本当に作りたい番組を創り上げた一人です。北野武ドキュメンタリー『たけし誕生〜オイラの師匠と浅草〜』（二〇一七年／ＮＨＫ－ＢＳプレミアム）がその番組です。

これは、芸人・ビートたけしさんの原点で、師匠である〝伝説の浅草芸人〟深見千三郎さんとの出会いと別れを、たけしさん本人がテレビで初独白したドキュメンタリーです。放送後は大きな反響を呼び、第五五回ギャラクシー賞奨励賞にも輝きました。

そうした結果を聞くと、すんなり企画が通ったように思えるかもしれませんが、実現するまでには実に三年以上もかかっています。私が稲垣さんから最初に企画を預かったのが二〇一四年三月。テレビ番組の企画は、局の「編成」という部署が採択の可否を判断します。早速、編成へ企画を提出するも採択されず、翌年も提出しましたが通らず、タイトルを変えて再提出した二〇一六年にやっと興味を持ってもらえました。そこからさらに約一年間、企画内容を巡って何度も再検討が行われました。

稲垣さんは立命館大学映画部の出身です。約二〇年前、京都国際学生映画祭のイベントでゲストとして登場したたけしさんにインタビューした一人でした。ちょうど『HANA―BI』でベネチア国際映画祭金獅子賞（グランプリ）を受賞した頃で、たけしさんは多忙を極めていましたが、「受賞前から声をかけてくれたから」とわざわざ来てくれたといいます。

番組でたけしさんの話を引き出す役は、ディレクターである稲垣さんが担いました。二〇年来の想いに、たけしさんは応えてくれました。編集も、番組の世界観からノーナレーションを貫き、当時を知る関係者の言葉や間を大切にして仕上げました。

これらは全て、ディレクターである稲垣さんが信念を貫いたからこそ実ったことです。まず、三年も企画が通らなければ普通は諦めてしまうでしょう。その間も彼は、私に一〇本近くの企画を送り続けてくれました。

「作りたいものを作って生きていく」にはどうしたらいいか――。

その答えは一筋縄ではいきません。視聴率や売り上げ、自分の立場と折り合いをつけながら〝仕事〟として割り切って、そこそこの番組を作らなければならないこともよくあります。

「お前の作りたいものなんてどうでもいい。視聴者が求めるものを作るのがプロだ」

などと、訳知り顔で言われることもあります。

しかし、改めて今一度、よく考えた方がいいのです。

視聴者の〝心に刺さる〟作品とは、結局のところ、作り手の人生や妄執が反映された作品がほとんどなのです。つまり、作り手が〝本当に作りたいと思って作った作品〟を見た時に、視聴者は心を揺さぶられるのです。そこには、

「視聴者から望まれたわけでもない番組が、視聴者が本当に見たかった番組になる」

というパラドックス（逆説）が存在します。確かに、作りたいものを作って生きていくことは難しいですが、そんな生き方ができるクリエイターが増えれば、よりクオリティーの高いコンテンツが生まれ、視聴者や観客にも還元されていくのだと思います。

［コラム5］ コンテンツが歴史を変えた？ 『チャック・ノリスVS．共産主義』

「エンターテインメントは、世界を変える」

そのことを実感させてくれる作品があります。タイトルは、『チャック・ノリスVS．共産主義』（二〇一五年）。日本での上映はなく、DVDレンタルもされていません。現在、Ｎｅｔｆｌｉｘでのみ見ることができるルーマニアのドキュメンタリー映画です。

まず、「チャック・ノリス」と聞いて胸が熱くなるのは、私と同じ四〇歳以上の男性がほとんどでしょう。一九八〇年代、シルベスター・スタローン、アーノルド・シュワルツェネッガーと並んで〝アクション・スター御三家〟の一人に数えられた俳優です。

しかし、時代の移り変わりと共に、いつしか彼はインターネット世代の間で交わされるジョークの対象となりました。いわゆる〝チャック・ノリス・ファクト（チャック・ノリスの真実）〟と呼ばれる、常識外れの強さや完璧さを語るジョークです。

「チャック・ノリスは呼吸するのではない。空気を人質に取るのだ」

「チャック・ノリスは死を恐れてなどいない。死が彼を恐れているのだ」

定型文に当てはめ、彼の偉大さを過剰に称えるのです。二〇〇〇年代半ば以降、「チャック・ノリス」の名は、彼が活躍した八〇年代を知らない若者の間でも〝伝説〟（ネタ）として語られるようになり、全米はおろか、世界中に拡散しました。

そうした背景があって付けられた『チャック・ノリスVS．共産主義』というタイトル。しかし、本作は歴としたドキュメンタリー作品です。当然、彼が一人で共産主義と闘う物語ではありません。正しくは、

「ハリウッド映画が独裁政権を打ち倒した」

という実話なのです。

本作で描かれるのは、ニコラエ・チャウシェスクの独裁政権が続く一九八〇年代の東西冷戦期のルーマニア。配給による食糧も乏しく、人々は貧しくて暗い生活を続けています。共産主義国家のルーマニアでは、西側メディアの娯楽作品の鑑賞も厳しく禁じられていました。そんな中、人々の間には密かにハリウッド映画の海賊版VHSテープが出回り、夜な夜なマンションの一室などで鑑賞会が開かれていました。ビデオの画質は度重なるダビングで劣化し、吹き替えはいつも同じ女性の声。例えば、チャック・ノリ

スの声も、彼を拷問するベトナム兵の声も、全て同じ一人の女性が弁士のように何役も演じていました。

このドキュメンタリーに登場するのは、いずれも名もなきルーマニアの市民です。彼らの共通点は当時、地下流通していたハリウッド映画の海賊版を見ていたということ。誰もが興奮気味に、その初々しい映画体験を熱く語ります。

シルベスター・スタローン主演の『ロッキー』（一九七六年）を見た後には全身に力がみなぎり、早朝にランニングする若者が街にあふれたそうです。アル・パチーノ主演のカルト的傑作『スカーフェイス』（一九八三年）で、豪勢な食事が並ぶテーブルの上に俳優が投げ飛ばされる様子を見て、「西側諸国はなんて豊かなんだろう」と驚いたと言います。映画で見たローマ皇帝・暴君ネロと独裁者チャウシェスクの姿が重なって見えたと証言する者もいました。

人々は、ノイズだらけの画面の向こうに、次第に憧れや希望を抱くようになります。ハリウッド映画を通して「自由」という概念を知るようになったのです。

しかし、政府の監視は厳しく、近隣住民が集まって行われる上映会は度々警察に踏み込まれ、連行される者が後を絶ちませんでした。そんな危険を冒しても、人々は映画を求め続けたのです。

本作の主人公は、海賊版VHSテープを命がけでルーマニア全土に流通させた謎の人物、テオドール・ザムフィール。そして、一人で吹き替えを担当していたイリーナ・ニスターという謎の女性です。当時、彼らが何をして、どのように振る舞っていたかが、映画さながらの再現映像でドラマチックに描かれていきます。当然、彼らの身にも危険が及びます。絶体絶命のピンチに襲われた時、まるで映画のような驚きの展開が待っていました。思いもよらない人物によって命を救われたザムフィールは、その行為に、

「高潔さを感じた」

と語ります。彼らが命を懸けて行った行為は、やがてルーマニア国民にある行動を起こさせます。

「自由を！　自由を！　打倒、共産主義！」

映画によって「自由」を知った大群衆が通りに出て叫んだのです。

一九八九年一二月、ルーマニア革命によってチャウシェスク政権は倒されました。その陰の立役者・ザムフィールが当時を振り返ります。

「一九八九年の革命時、みんな通りに集まった。外（西側）にはいい生活があると知っ

ていたからさ。どうやって？……映画からさ」

この映画のタイトルは、内容に即していえば『ハリウッド映画VS．共産主義』です。私たちが幼い頃から慣れ親しんできたハリウッド映画に代表されるエンターテインメント作品は、自由を描き、希望を大衆に与えてきました。そして、チャック・ノリスに象徴される八〇年代アクション・スターは、弱きを助け、強きをくじき、決して諦めない不屈の男として描かれてきました。

本作は、そうした映像コンテンツの影響力を改めて感じさせてくれる一作です。

あとがき

本書で述べた内容は、私がこれまでの番組制作を通して思索してきた面白いコンテンツを創るための「プロとしての技術論」です。と言っても、巷に溢れるビジネス書にあるような「明日から使える○○」「ライバルと差がつく△△の技術」といったすぐに役立つハウツーなどではありません。むしろ、様々なクリエイティブを生むための基礎となる、普遍的な「仕事に対する哲学」と言う方が相応しいかもしれません。

業界の誰もが口にする常套句や当たり前のものとして受け入れている常識を一旦、疑ってみる。すると、今まで考えもしなかった物事の本質や盲点が浮かび上がってきます。それこそが本来、汎用性のある概念としてプロが語るべき技術論だと思うのです。

そうした概念（モノの見方・考え方）を体得することで、それまでの仕事に対する姿勢や態度も一変します。だからこそ、

「そもそも〝面白い〟って何なのか？」

という根本的な問いに立ち返る必要があるのです。

と、今でこそこんな風に書かせていただいている私ですが、三〇代前半まではパッとしない作り手でした。決して仕事がうまくいっていなかったわけではありません。むしろ周囲からはそれなりに期待され、年齢を重ねるごとに責任ある役割も任されていました。三〇歳を過ぎた頃、ＮＨＫ総合のプライムタイムやゴールデンタイムのレギュラー番組の立ち上げに携わり、総合演出の立場で大勢のスタッフや現場を仕切ったりもしていました。でも、ある日、

「自分はもう、この先、こうした仕事の仕方は続けられない」

と、ハッキリと感じたのを覚えています。その日は、ＮＨＫ総合で夜八時から私が総合演出として携わったレギュラー番組が放送される日でした。放送前日にスタジオ収録があり、それを徹夜で編集して放送当日の朝にナレーション録りを行い、午後にテロップ入れをして送出センターへテープを登録。ヘトヘトの状態で帰宅し、なんとか夜八時のオンエアを見る。そうしたことを隔週ごとに行っていたのですが、その日は少し違いました。

私は帰宅後、自分が携わった番組を見ずに熟睡していたのです。

読者の方は、「徹夜明けで疲労が溜まっていたのだから仕方ない」と思うかもしれません。私も当時、そう思おうとしました。でも、真相は違います。あの時、私は起きようと思えば起きていられる状態だったと思います。でも、「もういいや。疲れているし、寝てしまおう」と思ったのです。自分が携わった番組が放送されるのに、その当事者がオンエアを見ないで寝る。そんなことは通常ありません。番組を見てくれた数百万人の視聴者はどんな反応をするか、期待と不安が入り混じった気持ちで放送を見届けるのが普通です。

なぜ、そんな行動を取ってしまったかと言えば、あの時、自分が携わった番組に対して強い思い入れがなかったからだと思います。先ほどから「自分が携わった番組」と書いていますが、約一時間の番組を複数のディレクターがコーナーごとに分業制で担当し、その取りまとめとスタジオ演出、最後の仕上げを総合演出である私が担っていたに過ぎないのです。

しかし、こうした分業制の制作スタイルは、現在のテレビ業界ではむしろ一般的です。大勢のスタッフが細かく仕事を分担し、チーフディレクターや総合演出、デスク、プロデューサーらが全体を取りまとめます。こうして一つの番組が出来上がると、それは一体、誰が創った番組なのか、実際のところよく分からないのです。

私はあの時、自分が携わった番組に〝誇り〟を感じることができませんでした。

「これは、自分が創った番組です」

と胸を張って言えないと感じていたのです。

今、振り返ると、あの日の夜が決定的なターニングポイントだったように思います。このまま、こんな形で番組制作を続けても、協力いただいた方や視聴者に対して失礼になると感じ、自分自身を肯定できないと思っていました。毎週、視聴率の浮沈に翻弄され、ありがちな流行りの演出を採用し、わずか0・数%の上昇を期待するようなことにも心底、嫌気がさしていたのを覚えています。

その後、私は「これからは、自分が誇りに思えるような番組を視聴者に提供しよう」と、意識的に仕事への取り組み方を変えました。その結果が、『ヒューマン・コード～想定外のワタシと出会うための3つの暗号～』（二〇一二年）であり、『ケンボー先生と山田先生～辞書に人生を捧げた二人の男～』（二〇一三年）、『哲子の部屋』（二〇一二年～二〇一五年）、『背番号クロニクル～プロ野球80年秘話～』（二〇一四年）、『Dr．MIT

SUYA〜世界初のエイズ治療薬を発見した男〜』」（二〇一五年）、「Mr．トルネード」や「えん罪弁護士」といった『ブレイブ 勇敢なる者』シリーズ（二〇一六年〜）、『ボクの自学ノート〜7年間の小さな大冒険〜』（二〇一九年）などの番組です。

これらは、いずれも企画から取材、構成、撮影、編集はもちろんのこと、セット案やCGの絵コンテに至るまで自ら手を尽くし、細かな部分までこだわり抜いて制作した、紛れもなく「自分が創った番組」です。視聴率では大した実績を残せていませんが、以前とは違い、制作者としての誇りも持てるようになりました。これら一つ一つの番組の積み重ねが、このような書籍やコラム執筆につながったように思います。

本書は、二〇一七年四月から二〇一九年三月まで二年間にわたって「日経トレンディネット」で隔週連載してきたコラム「TVクリエイターのミカタ！」を再構成し、大幅に加筆・修正した内容です。大相撲報道など当時の時事ネタは、状況が変わった現在から見ると古く感じられるかと思いますが、あえてその時のムードをそのままに残しています。

本書の元となる連載コラムの執筆をご提案いただいた日経BP社の山下奉仁さん、その内容を今回、こうして出版することを後押ししてくださった新潮社の後藤裕二さん、吉澤弘貴さん、笠井麻衣さんに改めて深く感謝申し上げます。そして、文中で度々、「Yさん」の名で紹介させていただいた吉岡民夫さんに、本書を捧げます。

佐々木　健一

参考文献

『インサイドボックス　究極の創造的思考法』（ジェイコブ・ゴールデンバーグ、ドリュー・ボイド著／池村千秋訳／文藝春秋）
『アイデアのつくり方』（ジェームス・W・ヤング著／竹内均解説／今井茂雄訳／阪急コミュニケーションズ）
『辞書になった男　ケンボー先生と山田先生』（佐々木健一著／文藝春秋）
『武器になる哲学　人生を生き抜くための哲学・思想のキーコンセプト50』（山口周著／KADOKAWA）
『哲子の部屋（Ⅰ）（Ⅱ）（Ⅲ）』（NHK『哲子の部屋』制作班著／國分功一郎・千葉雅也監修／河出書房新社）
『聞き出す力』（吉田豪著／日本文芸社）
『雪ぐ人　えん罪弁護士　今村核』（佐々木健一著／NHK出版）
『冤罪弁護士』（今村核著／旬報社）
『ドキュメンタリー・ストーリーテリング「クリエイティブ・ノンフィクション」の作り方』（シーラ・カーラン・バーナード著／島内哲朗訳／フィルムアート社）
『表現の技術』（髙崎卓馬著／中央公論新社）

参考文献

『スクリプトドクターの脚本教室・初級篇』（三宅隆太著／新書館）
『SAVE THE CATの法則 本当に売れる脚本術』（ブレイク・スナイダー著／菊池淳子訳／フィルムアート社）
『神は背番号に宿る』（佐々木健一著／新潮社）
『コンテンツの秘密 ぼくがジブリで考えたこと』（川上量生著／NHK出版）
『メイキング・オブ・ピクサー 創造力をつくった人々』（デイヴィッド・A・プライス著／櫻井祐子訳／早川書房）
『映画を撮りながら考えたこと』（是枝裕和著／ミシマ社）
『元素戦略 科学と産業に革命を起こす現代の錬金術』（中山智弘著／ダイヤモンド社）
『Mr．トルネード 藤田哲也 世界の空を救った男』（佐々木健一著／文藝春秋）
『Mr．トルネード 藤田哲也 航空事故を激減させた気象学者』（佐々木健一著／小学館）
『テレビジョンは状況である 劇的テレビマンユニオン史』（重延浩著／岩波書店）
『今を生きるための「哲学的思考」〝想定外の世界〟で本質を見抜く11の講義』（黒崎政男著／日本実業出版社）

佐々木健一　1977（昭和52）年生まれ。早大卒業後、NHKエデュケーショナル入社。『哲子の部屋』『ブレイブ 勇敢なる者』シリーズなどの特集番組を企画・制作。著書に『辞書になった男』、『神は背番号に宿る』、『雪ぐ人』など。

新潮新書

830

「面白い《おもしろ》い」のつくりかた

著　者　佐々木健一《ささきけんいち》

2019年9月20日　発行

発行者　佐藤隆信

発行所　株式会社新潮社

〒162-8711　東京都新宿区矢来町71番地
編集部(03)3266-5430　読者係(03)3266-5111
https://www.shinchosha.co.jp

印刷所　株式会社光邦

製本所　加藤製本株式会社

ISBN978-4-10-610830-3 C0276